ÉCHINIDES

FOSSILES DE L'ALGÉRIE

DESCRIPTION

DES ESPÈCES DÉJA RECUEILLIES DANS CE PAYS
ET CONSIDÉRATIONS SUR LEUR POSITION
STRATIGRAPHIQUE

PAR

MM. COTTEAU, PERON & GAUTHIER

DEUXIÈME FASCICULE

ÉTAGES TITHONIQUE & NÉOCOMIEN

AVEC NEUF PLANCHES

PARIS

G. MASSON, ÉDITEUR

LIBRAIRE DE L'ACADÉMIE DE MÉDECINE

Boulevard Saint-Germain, derrière l'École de Médecine.

1884

ÉCHINIDES FOSSILES DE L'ALGÉRIE

DESCRIPTION
DES ESPÈCES DÉJA RECUEILLIES DANS CE PAYS
ET CONSIDÉRATIONS SUR LEUR POSITION STRATIGRAPHIQUE

PAR

MM. COTTEAU, PERON et GAUTHIER

DEUXIÈME FASCICULE

—

PREMIÈRE PARTIE — ÉTAGE TITHONIQUE

Dans notre précédent fascicule relatif aux terrains jurassiques, nous avons annoncé que nous décririons séparément la faune échinologique d'une série de couches qui se présentent, dans quelques rares localités de l'Algérie, avec le facies tithonique. Il y a en effet pour nous et pour le lecteur commodité et avantage à embrasser isolément et dans leur ensemble tous les renseignements relatifs à ce terrain encore si discuté.

Quels que soient l'âge réel des couches tithoniques et la place qu'elles doivent occuper dans l'échelle stratigraphique, il est incontestable que leur faune spéciale et leur facies pétrologique les différencient complètement des formations connues dans les anciennes nomenclatures du bassin anglo-parisien.

Notre intention est d'employer dans la présente publication la classification éminemment française de d'Orbigny et de nous conformer le plus possible à la division en étages qu'il a inaugurée. Or, en l'état actuel des choses, il nous serait impossible de placer avec certitude les couches tithoniques dans l'un quelconque des étages de d'Orbigny. Nous avons donc préféré conserver au moins provisoirement cette division nouvelle qui, si elle n'est pas admise par tous les géologues comme étage distinct, est au moins connue de tous. Nous éviterons ainsi, pour nous et pour les personnes appelées à utiliser nos renseignements, de nombreuses chances d'erreur.

Il n'entre pas dans le cadre de ce travail, purement descriptif, de nous mêler aux vives discussions dont le terrain tithonique est l'objet depuis si longtemps. La lumière se fait peu à peu sur ce sujet, et il ne semble même pas utile, pour le but que nous poursuivons, de rappeler les différentes phases de la question. L'histoire des couches tithoniques d'Algérie a suivi ces mêmes phases et subi le contre-coup des idées dominantes aux différentes époques. C'est ainsi que Coquand (1), qui le premier a trouvé en Algérie une térébratule trouée, l'a appelée *Terebratula dyphia* et a placé dans l'oxfordien les couches qui la renfermaient. Plus tard, à la suite des études qu'il avait poursuivies en Allemagne, ce savant est revenu sur cette manière de voir et il a essayé de démontrer (2) que ces couches devaient être kimméridgiennes et placées sur l'horizon des couches à *Cidaris glandifera* du mont Salève et de l'Échaillon.

Quelques années après, l'un de nous ayant découvert en Algérie d'importants gisements du terrain tithonique et recueilli une riche faune inconnue jusque-là dans la colonie, n'a pas cru devoir partager la manière de voir de Coquand. Frappé par les analogies incontestables de cette faune avec celle du Néocomien inférieur de Berrias, il a, dans une description donnée en 1872 (3), pensé qu'il convenait de rattacher ces couches tithoniques au crétacé le plus inférieur, mais en les maintenant comme étage distinct du néocomien proprement dit.

L'étude que nous avons faite, quelques années après, des oursins recueillis dans ces couches n'a pas justifié cette opinion. Elle a au contraire assez complètement confirmé les prévisions de M. le Mesle, le compagnon d'exploration de notre collaborateur dans ces parages, qui remarquait à l'Oued Soubella un facies pétrologique et paléontologique tout-à-fait analogue à ceux des calcaires supérieurs de Crussol.

---

(1) *Géologie et Paléontologie de la province de Constantine*, p. 23.
(2) *Bul. Soc. géol. de Fr.*, 2me série, t. XXIV, p. 380.
(3) *Bul. Soc. géol. de Fr.*, 2me série, t. XXIX, p. 180.

La faune échinologique du tithonique d'Algérie a en effet un caractère jurassique bien prononcé, et c'est avec cet horizon spécial, qu'on a appelé zone à *Ammonites tenuilobatus* qu'elle a le plus d'affinité. Il n'est pas possible cependant de méconnaître qu'un grand nombre de fossiles de notre tithonique appartiennent à des types crétacés ou au moins à des types qui persistent dans le crétacé comme ceux des couches n° 2 et n° 3 de la Porte de France à Grenoble, ceux des calcaires à Céphalopodes de Stramberg, ceux des calcaires lithographiques d'Aizy, du col de Chaudon, etc. Notre faune de l'Oued Soubella, si riche en Ammonites, en Brachiopodes, en Échinides, en Spongiaires, a été étudiée avec soin. Postérieurement à notre premier mémoire elle a été examinée au laboratoire de la Sorbonne et comparée aux types originaux des localités classiques. Nous pensons donc qu'il est possible d'en tirer d'utiles indications.

L'étage tithonique, tel qu'on l'admet dans l'Europe centrale, comprend, comme on le sait, plusieurs horizons qui semblent assez distincts. En Algérie, dans les quelques localités où nous avons pu l'étudier, et en particulier sur les bords de l'Oued Soubella, nous n'avons pu distinguer qu'un seul horizon tithonique. Les diverses assises fossilifères de ces gisements, dont l'épaisseur ne dépasse guère une trentaine de mètres, sont intimement reliées entre elles par plusieurs fossiles très abondants, et ces fossiles, réapparaissant ainsi à plusieurs niveaux successifs, impriment à l'ensemble un remarquable caractère d'unité.

En outre, le faciès pétrologique, très uniforme dans toute la série et très constant dans les diverses localités, vient encore fortifier l'impression que nous avons en quelque sorte ressentie à ce sujet.

Rien, d'ans le groupe de couches qui nous occupe, ne nous a paru pouvoir représenter ni le tithonique inférieur de Rogoznick, le Klippenkalk à *Terebratula sima* et *Terebratula Catulloi*, ni les couches à *Terebratula dyphia* du Tyrol, ni enfin les calcaires à *Terebratula moravica* d'Inwald, de Wimmis ou de l'Échaillon, que plusieurs géologues considèrent comme l'équivalent, et un faciès particulier du tithonique inférieur. Les seuls terrains que l'on peut, en Algérie, rapprocher de ces derniers calcaires, sont ceux de l'oasis de Chellalah et de la région du Liamoun, que nous avons décrits dans notre premier fascicule. Ces terrains, en effet, renferment, comme nous l'avons fait connaître, plusieurs fossiles qui se retrouvent à l'Échaillon, comme *Terebratula moravica*, *Cidaris glandifera*, *C. carinifera*, etc. Mais, d'autre part, nous avons démontré que ces gisements, dont la faune est très riche, représentent évidemment le corallien et plus particulièrement le corallien supérieur ou étage séquanien, tel qu'il est connu à La Rochelle, à Tonnerre, etc. Il suffit de rapprocher la faune de Chellalah et du Djebel Seba, énumérée dans notre précédent fascicule, de celle dont nous allons parler, pour constater qu'il n'y a aucun lien entre elles et que rien ne permet de rapprocher les deux horizons.

En résumé, le groupe fossilifère que nous étudions aujourd'hui nous semble se réduire au tithonique supérieur, c'est-à-dire à la zone à *Terebratula janitor* proprement dite. Malgré la distance considérable qui sépare les gisements d'Algérie de ceux connus dans la Moravie, le midi de la France, la Suisse ou l'Italie, leur similitude avec ces localités est vraiment remarquable à tous les points de vue. Non-seulement le facies général de la faune est le même, mais la plupart des espèces sont identiques. Il en est de même enfin des caractères pétrologiques et de la succession générale des assises. C'est la parfaite continuation dans le sud de notre colonie, de cette forme particulière que les terrains du midi de la France ont revêtue depuis l'époque du Jura supérieur jusqu'à l'époque tertiaire et qui les distingue si nettement des terrains contemporains du bassin anglo-parisien. Le nom de facies alpin a déjà depuis longtemps été affecté à cette forme des terrains, mais il nous a semblé que celui de facies méditerranéen était beaucoup plus convenable, et nous aurons souvent, dans le cours de ce travail, l'occasion d'en faire la preuve. Quand nous traiterons des divers étages crétacés ou tertiaires, il nous arrivera souvent de faire remarquer leur similitude exclusive avec les terrains synchroniques du pourtour méditerranéen, et les grandes différences que nous constaterons avec les formations du nord de l'Europe nous rendra, comme aujourd'hui, bien difficile l'établissement d'un parallélisme précis avec les divers étages détaillés dans les nomenclatures classiques.

Le terrain tithonique n'existe en Algérie, à notre connaissance, que dans les grands massifs montagneux des hauts plateaux de la province de Constantine. C'est surtout dans le Djebel Bou-Thaleb, au sud de Sétif et particulièrement sur le versant sud de ces montagnes, qu'il se présente dans son plus complet développement. La carte géologique de cette région, qui a été dressée avec beaucoup de soin et de talent par M. Brossard (1), peut donner au sujet de l'extension de ce terrain, des indications très utiles. Il convient seulement de faire observer que ce géologue, ayant compris dans un même étage et sous une même teinte le terrain tithonique et l'étage oxfordien sous-jacent, la bande de teinte rouge-clair qui représente son étage J est beaucoup plus étendue que ne le serait une bande représentant seulement les affleurements du terrain tithonique. Cette teinte existe même sur plusieurs points où ce dernier étage n'affleure aucunement et où l'oxfordien seul se montre. Quelques petites rectifications de détail sont encore utiles à signaler. Ainsi, le tithonique ne doit pas être arrêté immédiatement à l'Oued Soubella. Il se prolonge au-delà sur la rive droite. De même il y a lieu de donner à cet étage, sur la carte, une extension plus large au sud du village arabe d'Anouël. Des plissements qui existent sur ce point dans les couches du terrain font réapparaître les assises de manière à élargir considérablement la surface d'affleurement de l'étage.

Déduction faite de ces légères imperfections, on peut, en prenant sur l'étage J de la carte de M. Brossard une bande extérieure à peu près égale à la moitié de cet étage, avoir, avec une approximation très suffisante, l'extension géographique du terrain tithonique dans les montagnes du nord du Hodna.

Dans la partie orientale de ces montagnes, on le voit former une ceinture étroite autour du pic de Saure-Afghan, formé lui-même par les calcaires durs oolithiques presque verticaux; puis,

(1) Description géol. des régions méridionales de la subdivision de Sétif. *Mém. Soc. géol. de Fr.*, 1867.

de là, il vient s'étendre en une bande continue sur le versant sud du Djebel Bou-Thaleb et du Djebel Bou-Iche, en passant par El-Hammam, Haddada, le Foum-Anouël et le Foum-Soubella. Dans ce parcours, ses couches, toujours très redressées, s'appuient sur les marnes de l'étage oxfordo-callovien et dessinent une longue crête parallèle aux grands sommets.

Indépendamment de ce gisement principal, plusieurs affleurements existent en îlots étroits dans les montagnes situées à l'ouest et au nord-ouest du massif dont nous venons de parler. C'est ainsi qu'on voit l'étage apparaître au Djebel Gueddil, au Djebel Mentend et auprès du petit lac salé d'Aïn-Baïra, chez les Righa-Dahra.

Dans une région plus éloignée, à l'extrémité orientale du grand bassin du Hodna et dans les montagnes qui le séparent de la plaine de Batna, le même terrain se montre également bien développé et sur une assez grande surface. On peut l'observer au centre même de ces montagnes où il affleure tout le long de la grande dépression formée par les marnes sableuses de l'étage néocomien. C'est là que pour la première fois, en Algérie, la présence des calcaires à térébratules trouées a été constatée par Coquand. Plus tard, l'un de nous et d'autres géologues ont étudié les mêmes couches, mais elles ne s'y présentent pas d'une manière aussi favorable à l'observation que dans le Djebel Bou-Thaleb et n'ont fourni jusqu'ici que peu de documents intéressants. Il semble cependant qu'une étude plus approfondie de cette localité pourrait être très profitable. Les explorations, sans doute un peu trop rapides, qu'on y a faites, ont néanmoins toujours donné quelque résultat utile.

C'est ainsi que M. Schlumberger et M. Heinz ont recueilli sur ce point les seuls échantillons connus en Algérie d'un oursin intéressant, le *Collyrites friburgensis*, espèce répandue dans l'étage tithonique de la Suisse. M. Leenhardt nous a annoncé récemment avoir trouvé dans les calcaires qui supportent les marnes néocomiennes à *Belemnites latus*, plusieurs fossiles à forme berriasienne et entre autres une ammonite dans laquelle il lui paraît difficile de ne pas reconnaître l'*A. Malbosi*. D'autres fossiles utiles ont encore été ainsi recueillis. Nous-même, en parcourant

le ravin Bleu, en avons rencontré. Nous avons pu surtout constater que la situation stratigraphique de l'étage, sa composition
pétrographique et même sa faune, sont les mêmes que dans le
Djebel Bou-Thaleb. Nous espérons donc que les détails que nous
allons donner sur cette dernière localité pourront être utilisés
pour les environs de Batna. Il est à souhaiter qu'ils puissent au
moins appeler l'attention des explorateurs, relativement nombreux, qui visitent les gisements de Batna, beaucoup plus facilement accessibles que ceux du sud de Sétif dont nous allons
parler.

La localité où nous avons pu le mieux étudier la succession
des couches et recueillir des fossiles abondants et bien conservés,
se trouve au sud-ouest du Djebel Bou-Iche, au lieu dit le Foum-
Soubella, gorge assez étroite par laquelle l'Oued Soubella descend dans la plaine du Hodna. C'est un point qu'il n'est pas très
facile de visiter à loisir. Il est fort éloigné de tout endroit habité
et ne se trouve sur aucun chemin quelque peu fréquenté. Pour
l'atteindre, il convient, en partant de Sétif, d'aller s'abriter soit
au bordj du caïd Mohammed Srir, soit au bordj du cheik Mes-
saoud des Righa-Dahra, et de là on peut en une journée, à cheval,
aller visiter le gisement en question. Le meilleur parti à prendre
est d'ailleurs d'emporter une tente et de camper auprès de quelques-uns des douars qu'on rencontre à l'entrée du Hodna.

Au Foum-Soubella, les calcaires tithoniques très redressés forment un haut barrage que le torrent a coupé perpendiculaire-
ment, donnant ainsi un profil très net et très profond de toute
cette série de couches. Sur les talus des deux côtés de la rivière,
on voit les bancs de calcaire dur alterner avec des assises marneuses et dessiner une suite de petites dépressions enclavées
entre des murailles calcaires dénudées. Cette disposition est particulièrement favorable à la collecte des fossiles et permet en
outre d'isoler facilement la faune propre à chacune des assises.
On peut ainsi suivre avec une grande précision le développement de cette faune et la succession des espèces.

Cette localité, toutefois, n'est pas celle qu'il convient de choisir
quand on veut étudier dans son ensemble la série jurassique
complète de la région. Une faille, en effet, est venue tronquer la

partie inférieure de cette série et fait buter les marnes subordon-
nées au tithonique contre des assises bien inférieures. D'autre
part la série des couches crétacées superposées au tithonique ne
peut non plus être observée dans son ensemble au Foum-Soubella. Les couches du terrain tertiaire miocène viennent sur ce
point recouvrir, par transgression et en stratification très discordante, tous les terrains supérieurs aux marnes néocomiennes, et
masquent ainsi les étages néocomien supérieur, urgo-aptien,
albien et cénomanien que l'on peut observer dans ces montagnes.
Pour pouvoir suivre la succession normale de tous ces terrains
et en particulier des assises jurassiques, il est nécessaire de se
rapprocher du massif central.

Nous donnerons plus loin cette succession générale, telle que
nous avons pu la relever sur le versant sud du Djebel Bou-
Thaleb, et nous allons préalablement examiner d'une façon plus
détaillée le groupe tithonique du Foum-Soubella.

Le diagramme ci-dessous, relevé sur la rive gauche du ruisseau, permettra de se rendre compte de la disposition des assises.

PROFIL DES COUCHES DE L'ÉTAGE TITHONIQUE AU FOUM-SOUBELLA.

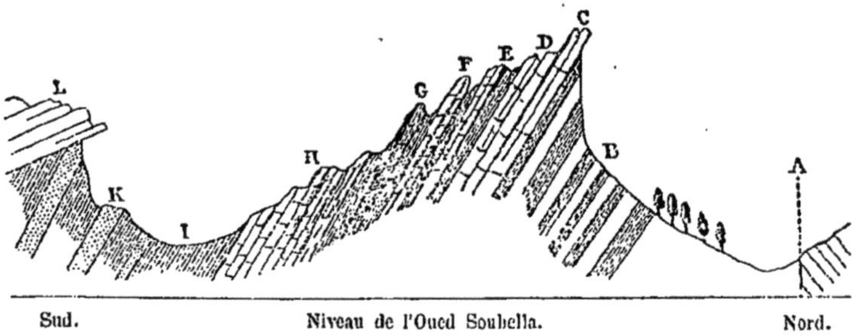

En A commence la série que nous avons à examiner. Sur ce
point, correspondant au thalweg d'un petit vallon étroit, se trouve
une faille assez apparente qui a mis les couches marneuses B en
contact avec les dolomies sombres oolitiques du Kef-el-Krouma.
En raison de cette faille, on ne distingue ici qu'une petite portion
des couches marno-gréseuses rougeâtres qui supportent l'étage
tithonique et dans lesquelles, vers le Djebel Afghan, ont été
recueillies l'*Ammonites tortisulcatus* et quelques autres espèces
de la zone à *Ammonites transversarius*.

Au sud de cette faille vient s'étager, en un talus escarpé qui forme le versant nord de la crête appelée par les Arabes le *Klef*, une série B assez puissante de marnes argileuses grises avec des bancs minces subordonnés de calcaires rognoneux gris cendré. Ces marnes, par leur position, paraissent pouvoir représenter la zone à *Ammonites polyplocus*, mais elles ne nous ont donné aucun fossile suffisant pour permettre d'avoir une opinion précise à ce sujet. Nous n'avons pu y recueillir que des ammonites très déprimées, sans ornements et en trop mauvais état pour être déterminables. On peut espérer cependant, en raison de ce fait, que d'autres chercheurs seront plus heureux et pourront résoudre cette importante question.

Cette masse marneuse B est terminée par quelques gros bancs C de calcaire noirâtre, très dur, esquilleux, sub-lithographique. Ces bancs, s'élevant à une grande hauteur et dominant presque toujours les assises voisines, forment une longue crête ou muraille dentelée. C'est cette crête qui s'étend dans la direction du Djebel Bou-Thaleb, que l'on désigne dans le pays sous le nom de Klef.

A ces bancs calcaires paraît commencer le groupe de couches auquel on peut attribuer le nom d'étage tithonique. Nous n'y avons pu recueillir de fossiles, mais tous leurs caractères les rattachent absolument aux bancs suivants, où la faune tithonique commence à se montrer.

Les bancs calcaires D, tout-à-fait semblables aux précédents, en sont séparés par une assise marneuse peu épaisse. Ils sont également de couleur foncée, à pâte extrêmement fine et d'une nature sub-lithographique. La direction des strates, inclinées de plus de 50° vers le sud, est en parfaite concordance avec celle des assises sous-jacentes. Nous n'avons pu observer dans cette partie, non plus que dans les bancs C, aucune trace d'érosion ni d'interruption sédimentaire. Nous n'y avons constaté aucun indice de brèches, ni conglomérat, ni poudingues. Il nous semble donc bien qu'aucune lacune ne doit exister ici dans la série des couches.

Les fossiles sont abondants dans les bancs D et dans la partie marneuse subordonnée. La faune débute, à notre connaissance, par de gros oursins, voisins de ceux que l'on rencontre à Crussol et que Desor a appelés *Pachyclypeus semiglobus*. Ils offrent également quelque ressemblance avec les *Collyrites Voltzi* et *C. Verneuili*, Cot., de la Suisse, mais il n'a pas été possible de les identifier à aucune de ces espèces et nous leur avons attribué le nom d'*Infraclypeus thalebensis*. Cet oursin est assez abondant dans les couches D et paraît y être exclusivement cantonné. Un autre oursin bien connu, le *Metaporhinus convexus*, accompagne l'*Infraclypeus thalebensis* et se montre également assez abondamment dans les couches D, mais son gisement principal est dans les couches superposées.

Les parties plus marneuses E qui surmontent les calcaires lithographiques sont extrêmement riches en *Ammonites ptychoïcus*, *A. calypso*, et autres espèces, principalement des espèces non costulées. Le *Metaporhinus convexus* se montre là très abondamment et les exemplaires sont généralement bien conservés, quoique de petite taille. Avec ces espèces on rencontre déjà quelques *Terebratula janitor*, l'*Holectypus afer*, le *Collyrites carinata*, etc.

La couche suivante F est le gisement principal des *Terebratula janitor*. Ce fossile y est abondant en individus entiers bien conservés et surtout en fragments. On y trouve aussi des ammonites, des collyrites et encore de nombreux *Metaporhinus convexus*.

Dans la partie marneuse G, enclavée comme les zones marneuses précédentes entre des murailles calcaires, on remarque surtout les ammonites à côtes bifurquées, *Ammonites microcanthus*, Oppel, *A. privasensis*, Pictet, etc.; puis des *Terebratula janitor*, des *Terebratula Euthymei*, le *Rhabdocidaris janitoris*, des *Aptychus*, des cônes alvéolaires de grandes bélemnites, de nombreux spongiaires, quelques crinoïdes, etc., et enfin encore le *Metaporhinus convexus*.

Après cette zone très fossilifère vient une masse assez épaisse de calcaires H, très marneux, gris cendré, se délitant facilement à l'air et fissurés dans tous les sens.

Ces calcaires, évidemment susceptibles de fournir un bon ciment, paraissent fort analogues à ceux que l'on trouve, dans la même position stratigraphique, à Grenoble et autres localités tithoniques, et qui fournissent le ciment hydraulique si connu de la Porte de France.

Dans ces calcaires marneux, nous n'avons pu recueillir que quelques empreintes en mauvais état d'ammonites à côtes nombreuses et bifurquées du groupe de l'*A. callisto*.

Nous ne pouvons donc nous aider de la paléontologie pour trouver l'âge de cet ensemble, et c'est seulement en raison de leur situation au-dessus des couches à *T. janitor* et au-dessous des marnes à bélemnites plates, que ces calcaires nous paraissent représenter plus particulièrement l'horizon de Berrias. Il est vraisemblable que des recherches plus approfondies feront découvrir des fossiles autorisant ce rapprochement.

Les calcaires marneux à ciment terminent bien nettement la série stratigraphique dont nous venons de nous occuper. Les assises qui leur sont superposées prennent immédiatement un tout autre caractère. Ce sont des argiles sableuses entremêlées de bancs de grès fort épais, et l'arrivée de ces nouveaux sédiments, inconnus dans les assises du système précédent, inaugure un nouvel ordre de choses. Ces argiles sableuses renferment, comme nous le verrons plus loin, des ammonites ferrugineuses et des bélemnites plates qui permettent de les rapprocher bien nettement des marnes néocomiennes du midi de la France.

Ainsi que nous l'avons dit, cette localité du Foum-Soubella nous a paru la meilleure pour l'étude des couches tithoniques. Il existe néanmoins, le long de la montagne, beaucoup d'autres localités intéressantes sous ce rapport. Toutes les gorges qui livrent passage aux torrents descendant des hauteurs sont bonnes à explorer.

Au Foum Anouël notamment, on peut voir un développement de l'étage peut-être plus considérable. Les roches y sont plus dures et les fossiles moins bien conservés et plus rares. Ceux que nous avons pu recueillir sont les *Ammonites ptychoïcus* et *Calypso* et le *Metaporhinus convexus*.

Au Djebel Afghan, les couches paraissent plus fossilifères. M. le Mesle a recueilli, sur le chemin qui conduit de la maison forestière au village de Haddada, des fossiles assez nombreux déjà rencontrés à l'Oued-Soubella et quelques échinides intéressants, comme le *Cidaris læviuscula* et le *Magnosia Meslei*.

Au total, la faune que nous possédons des couches tithoniques
d'Algérie se compose de 25 espèces, sur lesquelles un certaiu
nombre n'ont pu être identifiées à aucune espèce connue. Celles
que nous avons pu déterminer ou décrire dans le présent fascicule sont les suivantes :

Belemnites, sp. (cônes alvéolaires).

Ammonites ptychoïcus, Quenstedt.

A. Calypso, d'Orb.

A. Iciosoma, Oppel.

A. Liebigi, Oppel.

A. privasensis, Pictet.

A. microcanthus, Oppel.

A. elimatus, Oppel.

Spondylus, sp.

Terebratula janitor, Pictet.

T. Euthymei, Pict.

T. cf hippopus, d'Orb.

T. datensis, Favre.

Aptychus Malbosi? Pict.

Metaporhinus convexus, Cot.

Collyrites carinata, Des Moulins.

Infraclypeus thalebensis, Gauthier.

Holectypus afer, Gauthier.

Cidaris læviuscula, Agas.

Rhabdocidaris janitoris, Gauth.

Magnosia Meslei, Gauth.

Millericrinus Boissieri? Pict.

Gonioscyphia dichotomans? Dum.

Porostoma multiforis? Dum.

Il est encore utile, pour donner une idée aussi complète qu'il
nous est possible de la situation stratigraphique de l'étage tithonique, de reproduire une coupe d'ensemble des terrains de la
région montrant la position de cet étage par rapport aux autres
divisions reconnues dans le pays. En ce qui concerne les étages
inférieurs, nos renseignements ne sont pas très complets. Quand,

en compagnie de M. le Mesle, nous découvrîmes les gisements dont nous parlons, voyant au-dessous du groupe tithonique, en stratification bien concordante, une épaisse série de couches, nous avons eu l'espoir de trouver des indications précises au sujet de la place réelle occupée par ce groupe dans l'échelle stratigraphique. Malheureusement, ces couches inférieures n'ont que très imparfaitement répondu à nos espérances. Les rares traces de fossiles que nous avons pu y recueillir ne nous ont pas beaucoup éclairé sur leur âge. Seul, M. le Mesle a trouvé, dans des marnes bien inférieures à notre gisement, une ammonite ferrugineuse présentant parfaitement les caractères de l'*A. tortisulcatus*.

D'autre part, M. Brossard, dans ces mêmes marnes et dans les bancs calcaires intercalés, annonce l'existence des *Belemnites hastatus, Ammonites biplex, A. tortisulcatus*.

Coquand a recueilli, au Foum Islamem, près Batna, dans des couches rougeâtres évidemment parallèles à celles de même nature qu'on voit auprès d'Anouël, les espèces suivantes qui caractérisent bien l'étage oxfordien : *Belemnites hastatus, B. sauvanausus, Ammonites biplex, A. tortisulcatus, A. Hommairei, A. Eucharis, A. viator, A. latricus*.

Jusqu'à présent nous ne connaissons donc, au-dessous de l'étage tithonique, qu'une faune oxfordienne. Sous ce rapport, nous serions par conséquent en Algérie dans les mêmes conditions stratigraphiques qu'à Grenoble et dans les Basses-Alpes. Il convient cependant de remarquer que, en Algérie, entre les marnes rougeâtres à faune oxfordienne et les premiers calcaires à faune tithonique, il existe une grande épaisseur de marnes avec calcaires intercalés, dans lesquelles nous n'avons pas trouvé de fossiles déterminables. Il est fort possible que cette assise représente un nouvel échelon stratigraphique du Jura supérieur. Jusqu'à ce que des espèces probantes y aient été rencontrées, nous resterons donc dans le doute au sujet de la position relative du tithonique par rapport aux étages corallien, kimméridgien, etc.

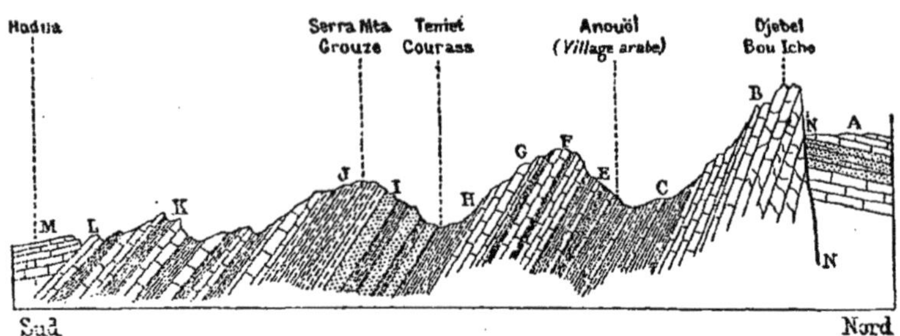

A. — Étages albien et aptien supérieur, butant par suite d'une faille contre les calcaires oolithiques du Djebel Bou-Iche.

B. — Calcaires très redressés, à stratification confuse, de l'étage bathonien (?).

C. — Marnes rouges et calcaires en plaquettes avec fossiles oxfordiens, *A. tortisulcatus*, etc.

E. — Marnes grises et calcaires marneux sans fossiles déterminables.

F. — Calcaires lithographiques, marnes, etc., de l'étage tithonique.

G. — Calcaires à ciment.

H. — Marnes sableuses à bélemnites plates et ammonites ferrugineuses, étage néocomien inférieur.

I. — Calcaire gréseux et grès avec nombreux fossiles du calcaire à spatangues.

J. — Dolomies.

K. — Étage urgo-aptien avec *Heteraster oblongus*, etc.

L. — Étage cénomanien.

M. — Étage miocène en stratification discordante.

Comme on peut le voir par la coupe ci-dessus, les assises superposées au tithonique nous ont donné des indications bien nettes au point de vue de la succession des horizons.

Immédiatement au-dessus des assises fossilifères à *Terebratula janitor*, on voit se développer une suite de bancs de calcaires à ciment avec ammonites à côtes bifurquées qui paraissent pouvoir représenter l'horizon de Berrias.

Ces bancs passent ensuite à des marnes jaunâtres et rougeâtres entremêlées de bancs de grès dans lesquelles abondent les *Belemnites latus* et autres espèces du néocomien inférieur des Alpes, puis à cet horizon succèdent des assises avec nombreux fossiles que nous étudierons dans le chapitre suivant et qui représentent nettement le néocomien à *Echinospatangus cordiformis* d'Hauterive, d'Auxerre, etc.

Enfin, toujours en stratification régulière, nous voyons au-dessus apparaître l'étage urgo-aptien et les étages suivants de la période crétacée.

DESCRIPTION DES ESPÈCES.

METAPORHINUS CONVEXUS, Cotteau (Catullo), 1870.

Pl. I, fig. 1-11.

METAPORHINUS CONVEXUS, Peron, *Bull. Soc. géolog.*, t. XXIX, p. 187, 1872.
METAPORHINUS CONVEXUS, Cotteau, Peron et Gauthier, *Annales des Sc. géol.*
       — *Echinides foss. de l'Algérie*, p. 17, 1875.
       —   —   Coquand, *Bull. de l'Acad. d'Hippone*, p. 223, 1880.

Le *Metaporhinus convexus* a déjà été décrit bien des fois, et c'est l'un des fossiles qui caractérisent le mieux les couches que certains géolognes ont désignées sous le nom de *tithoniques*. MM. Cotteau (1) et de Loriol (2) l'ont étudié minutieusement ; et si nous avons essayé de le décrire de nouveau, c'est que le nombre considérable d'exemplaires que nous avons eus à notre disposition (plus de trois cents) nous permet d'ajouter à ce que l'on a dit avant nous quelques observations nouvelles.

Nous suivrons l'animal dans les phases de son développement ; et, pour plus de méthode, nous distinguerons trois âges : nous considérerons comme appartenant au jeune âge les individus qui ne dépassent pas 24 millimètres en longueur ; l'âge moyen comprendra les exemplaires qui varient entre 25 et 30 millimètres ; au-delà de ce chiffre, l'animal a atteint tout son développement.

Comme l'a fort bien fait remarquer l'un de nous (3), la forme

(1) *Paléontologie française*, Echinides jurassiques, tome IX, p. 28 et 504.
(2) *Echinologie helvétique* (partie jurassique), p. 383.
(3) Peron, *Bulletin de la Soc. géolog. — Loc. cit.*

abrupte et gibbeuse, dont on fait un des caractères importants de
cette espèce, n'est pas toujours constante, même dans les grands
individus. Nous croyons donc utile d'indiquer les proportions
d'un assez grand nombre d'exemplaires.

Jeune âge. — Proportions différentes.

	Longueur.	Largeur.	Hauteur.
Nos 1	12 millim.	11 millim.	8 millim.
2	14	13	11
3	15	14	10
4	19	17	10
5	20	20	14
6	23	22,5	15
7	24	22	14

Les individus de cette série ont généralement un aspect
allongé, une forme rétrécie en arrière, mais toujours coupée carrément; la hauteur est relativement médiocre. Le dessus est
aplati et incline doucement de chaque côté. Le périprocte est
large à la base et acuminé à la partie supérieure. MM. Cotteau et
de Loriol ont déjà signalé ces caractères du jeune âge. Au premier
aspect ils diffèrent beaucoup des adultes, et nous nous sommes
demandé d'abord si nous n'étions pas en présence de quelque
espèce nouvelle de *Collyrites*. Mais beaucoup d'autres caractères
relient ces individus à ceux dont la forme est le plus typique.
L'appareil apical est le même : quatre plaques génitales en contact au sommet antérieur, et trois plaques ocellaires très petites,
qui s'intercalent dans les angles des premières (1). Ce seul caractère suffit pour exclure nos exemplaires du genre *Collyrites*. Les
ambulacres postérieurs sont situées immédiatement au-dessus du
périprocte, et sont complétement identiques, comme les ambulacres antérieurs, pour la forme et la disposition des pores, aux
ambulacres des adultes. La position du péristome, le sillon
antérieur, offrent également une ressemblance parfaite, et cette

(1) L'appareil apical grossi présente très bien l'aspect que lui a donné
le dessinateur (Pl. I, fig. 11), et les ambulacres paraissent se diriger vers
les plaques oviducales postérieures ; tandis que, en réalité, ils aboutissent
à de petites plaques ocellaires anguleuses, presque microscopiques, très
difficiles à voir, placées à l'angle des plaques oviducales, et dont le dessinateur n'a pas tenu compte.

partie s'élève en pente abrupte jusqu'au sommet. En présence de
tant de caractères identiques, il nous a été impossible de voir
dans ces individus, malgré la différence de forme, autre chose
que le jeune âge du *Metaporhinus convexus*.

Quelques-uns de nos exemplaires jeunes, ceux, entre autres,
que nous avons désignés, dans les proportions indiquées plus
haut, par les n⁰ˢ 5 et 6, se rapprochent beaucoup plus de la
forme des adultes, et servent parfaitement à établir le passage
entre les deux types extrêmes. Il n'y a pas à s'étonner de ces
différences; elles existent dans les jeunes de presque toutes les
espèces, et cela, dans la plupart des branches de la zoologie : les
caractères qui distinguent les jeunes des adultes disparaissent
plus vite chez certains individus que chez d'autres.

Le n⁰ 7 est le plus grand de nos exemplaires allongés; cette
forme ne persiste pas au-delà de cette taille.

Age moyen. — Proportions différentes.

	Longueur.	Largeur.	Hauteur.
N⁰ˢ 1	25 millim.	25 millim.	15 millim.
2	25	25	16
3	25	25	18
4	25	25	20,5
5	27	27	22
6	28	28	22

Comme on le voit par ces chiffres, la forme s'élargit; le diamètre transversal n'est jamais inférieur au diamètre longitudinal.
Toutefois les exemplaires de cette taille n'ont pas encore tous la
physionomie complète des adultes; quelques-uns sont peu élevés,
et cet état déprimé leur donne un aspect tout différent. Il n'est
pas possible, néanmoins, de les séparer spécifiquement de ceux
à taille plus haute et plus abrupte. Il n'existe point d'autre caractère distinctif que cette différence de hauteur; et il serait facile,
avec nos nombreux échantillons, de composer une série les reliant
par une progression insensible aux types les plus opposés. Rien
n'est plus inconstant dans les échinides que la hauteur; et à
côté de ces exemplaires déprimés, la moitié au moins des individus de même diamètre atteignent proportionnellement la hauteur des plus grands. Les caractères que nous ne mentionnons

pas sont complétement identiques à ceux des adultes. Le sommet apical est toujours en avant; mais bien rarement il représente le point le plus élevé de l'oursin : c'est généralement au centre que se trouve le point culminant. Cette particularité change la physionomie de l'ensemble. Dans la plupart des exemplaires, la partie antérieure présente une courbe plus adoucie, moins abrupte que dans les figures de la *Paléontologie française* et de l'*Échinologie helvétique*. La partie postérieure reste toujours tronquée carrément, avec une sorte de saillie plus ou moins prononcée au-dessus du périprocte, et un léger sillon au-dessous.

Age adulte. — Proportions différentes.

	Longueur.	Largeur.	Hauteur.
Nᵒˢ 1	33 millim.	34 millim.	24 millim.
2	35	36	26

C'est aux individus de cette taille que se rapportent surtout les descriptions données par les différents auteurs. Nous devons dire tout de suite que ces grands exemplaires sont presque une exception en Algérie, puisque, sur trois cents, nous n'en possédons que trois ou quatre dont le diamètre excède 30 millimètres ; mais tous sont plus larges que longs, et ils sont généralement conformes aux descriptions données. L'ambulacre antérieur, dont les pores diffèrent à peine de ceux des autres ambulacres, est logé dans un sillon médiocre, qui se creuse en approchant du péristome, et échancre très sensiblement le pourtour. Le périprocte est plus arrondi que dans les jeunes. Mais dans quelques-uns de nos exemplaires, la courbe supérieure, comme dans les individus de l'âge moyen, est encore adoucie. Les autres, au contraire, ont la forme subitement relevée en avant et abrupte qu'indiquent toutes les descriptions, bien que ce ne soit pas le caractère le plus constant, comme nous l'ont prouvé les nombreux échantillons que nous avons sous les yeux.

Tous les exemplaires recueillis en Algérie, quel que soit leur âge, ont à la partie postérieure deux protubérances déterminées par le sillon subanal. Les auteurs de l'*Échinologie helvétique* (1) se sont servis de ce caractère pour distinguer le *Met. convexus* du

(1) Partie jurassique, p. 385.

Met. berriasensis, qui accompagne à Berrias le *Terebr. diphyoides*. Nous devons constater, à l'appui de leur théorie, que tous nos exemplaires du Bou-Thaleb, recueillis avec le *Terebr. janitor*, portent cette double protubérance, comme ceux qu'on a trouvés en Europe dans les mêmes couches.

Observation. — Le genre *Metaporhinus* ne diffère du genre *Dysaster* que par l'ambulacre antérieur, dont les pores ne sont pas semblables à ceux des autres ambulacres. Cette différence, assez prononcée dans les autres espèces du genre, est à peine sensible dans le *Met. convexus*. Les limites des deux genres sont donc bien étroites, car on ne peut guère ajouter comme différence la hauteur généralement plus considérable des *Metaporhinus;* nous avons vu que cette hauteur n'est pas toujours constante. Toutefois nous croyons qu'il est bon de maintenir les deux genres, parce que le caractère qui les distingue, quelque peu sensible qu'il soit, est d'une grande importance. C'est en effet un caractère exceptionnel dans les oursins jurassiques, et un acheminement vers les ambulacres des spatangoïdes, si abondants dans les terrains crétacés.

LOCALITÉ. — Foum-Soubella, Foum-Anouel (Djebel bou-Thaleb), Teniet-Afghan (Djebel Afghan), au sud de Sétif. Zone à *Terebratula janitor.* — Très abondant.

Collections Peron, Gauthier, le Mesle, Cotteau, Coquand, de Loriol.

EXPLICATION DES FIGURES. — Pl. 1, fig. 1, *Metaporhinus convexus*, vu de profil, de la collection de M. Peron ; fig. 2, le même, vu en dessus ; fig. 3, autre exemplaire jeune, de la collection de M. Gauthier ; fig. 4, le même, face inf.; fig. 5, autre exemplaire, vu de profil, de la collection de M. Peron ; fig. 6, face sup.; fig. 7, face inf.; fig. 8, face postérieure ; fig. 9, exemplaire déprimé, vu de profil, de la collection de M. Gauthier ; fig. 10, grand individu, de la collection de M. Peron ; fig. 11, appareil apical grossi.

COLLYRITES CARINATA (Leske), Des Moulins, 1837.

Pl. I, fig. 12-18.

COLLYRITES MALBOSI, Peron, *Bull. de la Soc. géol.*, 1872, t. XXIX, p. 187.
  — CARINATA, Cotteau, Peron et Gauthier, *loc. cit.* — *Echin. foss.*
      de l'Algérie, p. 21, pl. 8, fig. 12-18, 1875.
  —   — Coquand, *Bull. Acad. Hippone*, p. 217, 1880.

Nous avons eu entre les mains huit exemplaires de cette espèce; sept sont parfaitement conformes aux figures données dans la *Paléontologie française* (1). Test cordiforme, acuminé à la partie postérieure, arrondi et légèrement sinueux en avant. Face supérieure plus ou moins carénée, généralement peu élevée, et formant une courbe à long rayon. Sommet ambulacraire disjoint, la partie principale excentrique en avant; l'autre rejetée en arrière, mais assez haut, un peu plus rapprochée du périprocte que de l'apex antérieur.

Pores ambulacraires à peu près invisibles. Le sillon de l'ambulacre impair n'est pas sensible près du sommet; il se dessine à mesure qu'il se rapproche du bord qu'il échancre légèrement.

Péristome situé aux deux septièmes de la longueur totale, arrondi.

Périprocte rond, quelquefois subtransverse, infra-marginal, placé à l'extrémité du rostre postérieur, de manière à n'être visible qu'en dessous.

Le huitième exemplaire a une hauteur proportionnelle plus considérable; la face supérieure présente une carène nettement accusée et presque horizontale, et dès lors les côtés sont plus déclives et en forme de toit.

Cette dernière variété se rapproche du *Coll. Malbosi*, de Loriol, recueilli à Berrias, et nous devons ajouter que nous avons longtemps hésité à joindre spécifiquement cet exemplaire aux sept autres. Le sillon ambulacraire antérieur est plus accentué, et c'est encore un caractère de plus qui le rapproche du *C. Malbosi*. Nous ne connaissons cette dernière espèce que par la figure qu'en a donnée M. de Loriol (2). Nous avons cherché à nous procurer

(1) Echin. Jurass., tome IX, pl. 18.
(1) Pictet, *Mélanges paléontol.*, pl. 27, fig. 5.

les types pour comparer notre exemplaire à ceux de Berrias ;
mais les deux seuls exemplaires authentiques du *C. Malbosi* sont
enfouis dans le musée de Privas, et il nous a été impossible d'en
obtenir communication, même pour quelques heures.

Rapports et différences. — Quatre espèces de *Collyrites* sont
très voisines : le *C. carinata*, Des Moulins, qu'on rencontre ordinairement dans des couches du Jura supérieur, dont la position
a été l'objet de nombreuses discussions (1) ; le *Coll. Malbosi*, de
Loriol, spécial jusqu'à présent à Berrias ; le *C. ovulum*, d'Orbigny,
assez abondant dans les couches du néocomien moyen ; et le
C. Jaccardi, Desor, qu'on rencontre dans le valangien et le néocomien. Cette dernière espèce se distingue facilement par la position de son périprocte, à peine visible d'en bas ; le *C. ovulum* est
plus arrondi, plus élargi dans son ensemble, plus convexe sur le
dos ; le *C. Malbosi* a une forme plus carénée à la partie supérieure,
et cette carène dessine une ligne plus horizontale. Nous avons
soigneusement comparé toutes ces espèces, et c'est bien au *C.
carinata* que se rapportent nos exemplaires, sauf toutefois celui
qui se rapproche du *C. Malbosi*, mais que nous n'osons pas rapporter à cette espèce, d'abord parce qu'elle ne nous est connue
que par une figure, puis parce que nous croyons reconnaître dans
nos échantillons des variations qui relient entre elles ces formes
différentes.

L'horizon du *C. carinata* n'a pas encore été nettement déterminé en Europe. La *Paléontologie française* n'indique pour localité en France que Lemenc, oxfordien supérieur. L'*Echinologie
helvétique* (2) le place dans les couches de Baden à *Amm. tenuilobatus*. Nous en possédons plusieurs exemplaires provenant de
Crussol (Ardèche), dans des couches supérieures à l'oxfordien,
qui, avec les fossiles de la zone à *A. tenuilobatus*, renferment
encore le *Cid. læviuscula*, Agassiz, le *Cid. alpina*, Cotteau, et
l'*Holectypus orificiatus*, Schlotteim.

Localité. — Foum-Soubella, Foum-Anouel (Djebel bou-Thaleb),
département de Constantine. — Zone à *Terebrat. janitor*. — Assez
commun.

____

(1) *Paléont. franç.*, tome IX, Echinides jurassiques, p. 85.
(2) Partie jurassique, p. 374.

Collections Peron, Gauthier, Cotteau.

EXPLICATION DES FIGURES. — Pl. I, fig. 12, *Collyrites carinata* de grande taille. vu de profil, de la collection de M. Peron; fig. 13, le même, face sup.; fig. 14, autre exemplaire, voisin du *C. Malbosi*, vu de profil, de la collection de M. Peron; fig. 15, face sup.; fig. 16, autre exemplaire, vu de profil, de la collection de M. Gauthier; fig. 17, le même, face inf.; fig. 18, autre exemplaire, vu de profil, de la collection de M. Peron.

Genre INFRACLYPEUS, Gauthier, 1875.

Oursins de grande taille, à forme hémisphérique plus ou moins déprimée. Le péristome est ovale, oblique de droite à gauche, sans floscelle ni entailles, placé au centre de la face inférieure. Le périprocte est inférieur, mais il atteint le bord, qu'il échancre légèrement dans certains exemplaires. A la partie supérieure, et faisant suite au périprocte, se trouve sur la suture médiane de l'aire interambulacraire impaire un léger sillon qui remonte jusqu'au sommet, et paraît occupé par de petites plaques allongées et distinctes. Les ambulacres sont apétaloïdes, étroits, superficiels et analogues, pour la structure des pores, à ceux des Collyritidées. Les pores ne paraissent pas se multiplier aux approches du péristome. Les cinq ambulacres se joignent à la partie supérieure, aboutissant à un appareil apical allongé, mais unique, assez semblable à celui des *Pachyclypeus* et des *Hyboclypeus*, formé de plaques génitales et de plaques ocellaires directement alignées et en contact par le bord interne.

Rapports et différences. — Le genre *Infraclypeus* est voisin des *Pachyclypeus*; il en diffère par la position du périprocte, et par le léger sillon qui remonte de celui-ci jusqu'au sommet. Il s'éloigne des *Collyrites* par son appareil apical unique, ainsi que par le sillon anal supérieur au périprocte. Il doit prendre place dans la nomenclature à la suite des *Pachyclypeus*.

INFRACLYPEUS THALEBENSIS, Gauthier, 1875.

Pl. II, fig. 1-4; et Pl. III, fig. 1-2.

PACHYCLYPEUS, sp. nov.? Peron, *Bull. de la Soc. géol.*, 1872, t. XXIX, p. 188.

INFRACLYPEUS THALEBENSIS, Gauthier, *Annal. des Sciences géol.; Echinides foss. de l'Algérie*, p. 24 ; fig. 19-22, 30 et 31, 1875.

—   —   Coquand, *Bull. de l'Acad. d'Hippone*, p. 225, 1880.

Diamètre, 75 millim.   Hauteur, 40 millim.

Autre exemplaire :

Diamètre, 61 millim.   Hauteur, 33 millim.

Forme hémisphérique ou discoïdale, subcirculaire à la base, un peu rétrécie en arrière. Le sommet ambulacraire est subcentral, légèrement rejeté en arrière, et c'est en même temps la partie la plus élevée. La face inférieure est presque plane, plus ou moins déprimée autour du péristome, un peu renflée autour du périprocte. Celui-ci est ovale, large, entouré de protubérances qui se prolongent, en se rapprochant, jusqu'au péristome. Ambulacres formés de pores petits, obliques, médiocrement serrés, et visibles partout ; à la face inférieure, ils sont logés dans une légère dépression. Ambulacres pairs antérieurs très écartés, presque perpendiculaires, en partant du péristome, à l'ambulacre impair ; ils forment une courbe peu prononcée en aboutissant au sommet. L'ambulacre impair est droit, superficiel, non logé dans un sillon. Les ambulacres postérieurs sont moins écartés, mais ils passent néanmoins assez loin du périprocte. Tubercules petits, rares et disséminés sans ordre apparent ; granulation fine, homogène. Les autres caractères sont ceux du genre.

Rapports et différences. — L'*Infraclypeus thalebensis* est, jusqu'à présent, la seule espèce du genre. Nous avons pu en étudier treize exemplaires, tous de conservation imparfaite. Ils diffèrent du *Pachyclypeus semiglobus*, Desor, par les caractères que nous avons indiqués dans la diagnose du genre, par une taille plus considérable, quoique plus déprimée. Ils offrent quelque ressemblance à la face inférieure avec le *Collyrites Voltzi* (Agassiz), et le *Coll. Verneuili* (Cotteau), qui sont des types exceptionnels dans le genre *Collyrites*. Mais dans ces deux espèces, les ambulacres postérieurs, plus ou moins rapprochés du périprocte, aboutissent évidemment à un second centre ambulacraire fort éloigné de celui vers lequel convergent les trois autres ambulacres, tandis que dans l'*Infraclypeus thalebensis*, le périprocte est complètement à la face inférieure, et dès lors n'est pas entouré par les ambulacres postérieurs qui se dirigent en droite ligne vers un sommet unique.

Localité. — Foum-Soubella (Djebel Bou-Thaleb). — Zone à *Terebrat. janitor*. — Assez commun.

Collections Peron, Gauthier, Cotteau.

Explication des figures. — Pl. II, fig. 1, *Infraclypeus thalebensis*, vu de profil, de la collection de M. Peron ; fig. 2, le même, face sup. ; fig. 3, le même, face inf. ; fig. 4, exemplaire jeune montrant l'appareil apical, de la collection de M. Peron. — Pl. III, fig. 1, *Infraclypeus thalebensis*, de grandeur naturelle, de la collection de M. Peron ; fig. 2, ambulacre de la face inférieure, grossi.

HOLECTYPUS AFER, Gauthier, 1875.

Pl. II, fig. 5-11.

Holectypus, sp. ind., Peron, *Bull. Soc. géol.*, 1872, t. XXIX, p. 189.
Holectypus afer, Gauthier, *Echin. foss. de l'Algérie*, *loc. cit.*, p. 25, fig. 23-29, 1875.
— — Coquand, *Bull. de l'Acad. d'Hippone*, p. 220, 1880.

Diamètre de notre plus grand exemplaire : 32 millim.
La hauteur varie de 0,54 à 0,64 du diamètre.

Espèce de taille moyenne, circulaire, presque hémisphérique, parfois déprimée à la face supérieure. Pourtour renflé, dessous pulviné, avec une dépression assez sensible autour du péristome. Appareil apical étroit ; la plaque madréporiforme est assez saillante, mais les autres plaques génitales sont de petite dimension. La plaque génitale postérieure manque, et est remplacée par une plaque supplémentaire imperforée, ce qui, d'après une observation de M. Cotteau, que rien jusqu'à présent n'a démentie, est un caractère des espèces jurassiques. Zones porifères à fleur de test, étroites, formées de pores petits et obliquement disposés, très visibles partout. Ambulacres assez étroits ; on y compte à l'ambitus six rangées verticales de tubercules petits, mais réguliers.

Aires interambulacraires larges; on n'y compte pas moins de quatorze rangées de tubercules dans les grands exemplaires; mais il s'en faut de beaucoup que toutes ces rangées parviennent jusqu'au sommet. Granulation miliaire très fine et irrégulière.

Péristome petit, assez fortement entaillé, décagonal, un peu ovale dans le sens perpendiculaire au périprocte.

Périprocte assez large, ovale, à peine rétréci dans la partie voisine du péristome, dont il est séparé par une bande relativement assez large; il ne s'étend pas complètement jusqu'au bord externe.

Rapports et différences. — Cette espèce est très voisine de l'*Hol. orificiatus*, Schlottheim, tel du moins qu'il est décrit dans l'*Échinologie Helvétique* (1). Il est même très difficile au premier coup d'œil de distinguer les deux espèces. Voici les différences que nous avons trouvées constantes sur tous nos exemplaires, au nombre de six. Le périprocte est un peu moins grand dans notre espèce; il est moins rapproché du péristome, et arrondi dans cette partie au lieu d'être acuminé. Ce dernier caractère n'a, d'ailleurs, qu'une valeur médiocre, le périprocte étant terminé dans les *Holectypus* par une plaque triangulaire, souvent caduque, dont la présence ou l'absence donne une extrémité arrondie ou acuminée. Le péristome est plus petit que dans l'*Holectypus orificiatus*. Les rapports de son diamètre avec le diamètre total de l'Oursin varient entre 0,19 et 0,23, tandis que dans l'*H. orificiatus*, ce même diamètre mesure de 0,25 à 0,28 du diamètre total. Les entailles de l'*Hol. afer* paraissent plus marquées, et la forme du péristome est légèrement ovale, ce que n'indique pas, pour l'autre espèce, la description de M. de Loriol. Les tubercules des interambulacres sont plus serrés, plus réguliers sur nos exemplaires, que dans la figure grossie de l'*Échinologie Helvétique* (2).

LOCALITÉ. — Foum-Soubella (Bou-Thaleb). Zone à *Tereb. janitor.*

Collections Peron, Gauthier, Cotteau.

(1) Partie jurassique, p. 248, pl. 46, fig. 1-2.
(2) Pl. 46, fig. 1ᵈ.

EXPLICATION DES FIGURES. — Pl. II, fig. 5, *Holectypus afer*, vu de profil, de la collection de M. Gauthier; fig. 6, le même, face inférieure; fig. 7, appareil apical grossi; fig. 8, autre exemplaire, vu de profil, de la collection de M. Peron; fig. 9, le même, face supérieure; fig. 10, face inférieure; fig. 11, péristome et périprocte grossis.

CIDARIS LÆVIUSCULA, Agassiz, 1840.

Pl. III, fig. 3-6.

CIDARIS LÆVIUSCULA, Cotteau, Peron et Gauthier, *Annales des Sc. géolog. Echin. foss. de l'Algérie*, p. 27, fig. 32-35, 1875.
—   —   Cotteau, *Paléont. franç.*, terr. jurass., tome X, (1re partie), p. 124, pl. 174, 1876.
—   —   Coquand, *Bull. de l'Acad. d'Hippone*, p. 304, 1880.

Nous rapportons au *Cid. lœviuscula*, Agassiz, un exemplaire unique, recueilli par M. le Mesle. Nous ne reviendrons pas sur les caractères généraux de cette espèce, décrite avec beaucoup de soin par M. de Loriol dans l'*Échinologie helvétique*, et depuis, par l'un de nous dans la *Paléontologie française*. Notre exemplaire s'éloigne un peu du type par sa zone miliaire moins large, mais il s'en rapproche par tous les autres caractères, par ses aires ambulacraires très légèrement sinueuses, garnies seulement de deux rangées externes de granules saillants; par ses aires interambulacraires relativement assez larges, munies de quatre ou cinq tubercules de médiocre grosseur, crénelés et perforés, et diminuant rapidement de volume à la face inférieure; par ses scrobicules entourés d'un cercle complet de granules petits, mais cependant distincts; et enfin par sa zone miliaire très peu granuleuse, presque lisse au milieu.

Rapports et différences. — Le *Cid. lœviuscula* est voisin du *Cid. elegans*; il s'en distingue par ses aires ambulacraires garnies de deux rangées de granules plus rapprochées, et ne laissant pas entre elles cet espace lisse qui caractérise le *Cid. elegans*. Parmi les *Cidaris* crétacés, notre espèce pourrait être comparée au *Cid. pustulosa*, A. Gras; mais cette dernière espèce paraît plus élevée; ses tubercules sont moins développés, et entourés de granules plus apparents.

Le *Cid. læviuscula* a été recueilli dans un grand nombre de localités en France et en Suisse; il est abondant à Crussol (Ardèche), à Birmensdorf, canton de Soleure (Suisse).

Localité. — Djebel Afghän, versant sud de la Maison forestière. Zone à *Tereb janitor*. Exemplaire unique.

Collection Gauthier.

Explication des figures. — Pl. III, fig. 3, *Cid. læviuscula*, de profil; fig. 4, face supérieure; fig. 5, face inférieure; fig. 6, plaque coronale grossie.

RHABDOCIDARIS JANITORIS, Gauthier, 1875.

Pl. III, fig. 7-8.

RHABDOCIDARIS JANITORIS, Gauthier, *loc. cit.*, *Echinides foss. de l'Algérie*,
  p. 28, fig. 36 et 37, 1875.
— — Cotteau, *Paléont. franç.*, terr. jurass., tome X
  (1ʳᵉ partie), p. 287, 1878.
— . — Coquand, *Bull. de l'Acad. d'Hippone*, p. 315,
  1880.

Nous décrivons sous ce nom un fragment assez considérable de radiole, que M. Peron a recueilli parmi les fossiles du Bou-Thaleb. Ce radiole est épais, de grande taille, presque cylindrique, mais comprimé de telle sorte que la section donne un ovale régulier. Le diamètre est le même dans toute la longueur. La tige se rétrécit brusquement pour former la collerette, qui est épaisse, mais très courte, d'apparence lisse; le bouton nous est inconnu. La tige est couverte de lignes saillantes, subgranuleuses, très tenues et très rapprochées, parfaitement parallèles dans le sens de la longueur. Ces lignes commencent à la collerette par quelques protubérances mousses et allongées, reliées entre elles, très effacées, et qu'on ne distingue bien qu'à la loupe. Il n'y a ni épines, ni tubercules isolés. Entre les lignes se trouvent des sillons peu profonds et qui paraissent lisses.

Rapports et différences. — M. de Loriol a décrit, parmi les fossiles de la brèche de Lémenc (1), un fragment de radiole cylindrique, qu'il rapporte au *Rh. caprimontana*, Desor. Ce fragment ressemble assez à celui que nous décrivons; mais nous n'avons

____

(1) Pictet. *Mélanges paléont.*, p. 278, pl. 42, fig. 6.

pu découvrir sur la tige de notre exemplaire les stries qui remplissent l'intervalle des lignes longitudinales. Peut-être devrions-nous aussi rapporter notre radiole au *Rh. caprimontana*, dont quelques exemplaires affectent la forme subcylindrique.

Nous pourrions avec autant de raison le rapporter au *Rh. copeoides*, dont les radioles sont analogues à ceux du *Rh. caprimontana*. Mais on a attribué à ces deux espèces tant de radioles différents, que la moitié des baguettes de *Rhabdocidaris* pourraient leur appartenir. Le radiole que nous décrivons s'éloigne de l'une et de l'autre espèce par l'uniformité de la tige, par l'épaisseur plus considérable de la collerette, par l'absence d'épines, dont la présence est le seul caractère à peu près constant dans ce qu'on est convenu d'appeler les radioles du *Rh. caprimontana*.

Parmi les *Rhabdocidaris* crétacés, le *Rh. Jauberti*, Cotteau, a une forme assez analogue au *Rh. janitoris* ; mais l'ornementation de la tige est toute différente.

Localité. — Foum-Soubella (Bou-Thaleb). Très rare. Zone à *Tereb. janitor*.

Collection Peron.

Explication des figures. — Pl. III, fig. 7, radiole du *Rhabd. janitoris*, de la collection de M. Peron ; fig. 8, partie grossie.

MAGNOSIA MESLEI, Gauthier, 1875.

Pl. III, fig. 9-14.

MAGNOSIA MESLEI, Gauthier, *loc cit.*, *Echin. foss. de l'Algérie*, p. 20, fig. 38-43, 1875.

—   —   Coquand, *Bull. de l'Acad. d'Hippone*, p. 344, 1880.

Diamètre, 15 mill.   Hauteur, 7 mill.   Diamètre du péristome, 4 mill.

Forme circulaire, assez déprimée ; ambitus arrondi, dessous subpulviné. Appareil apical circulaire, assez saillant. Les plaques sont granuleuses, larges, mais courtes, et donnent à l'ensemble l'aspect d'un anneau étroit. La plaque madréporiforme est d'apparence spongieuse.

Zones porifères étroites ; pores disposés par simples paires, ne paraissant pas se multiplier à l'approche du péristome. Aires ambulacraires extrêmement étroites. Les granules sont tellement rapprochés qu'ils semblent intercalés, et ne forment pour l'œil qu'une rangée unique, parfaitement rectiligne de la bouche au sommet, sauf le second, qui s'écarte un peu.

Aires interambulacraires larges, couvertes de rangées obliques et serrées de granules homogènes, nombreux et réguliers. Ces granules augmentent sensiblement de volume à la partie inférieure. L'aire interambulacraire est divisée verticalement en deux parties égales par un sillon qui va de la bouche au sommet. Les rangées obliques de granules, en aboutissant à ce sillon, forment un chevron bien accentué ; leur nombre est de neuf à dix de chaque côté, pour les plaques qui en portent le plus.

Péristome petit. L'état du seul exemplaire que nous possédions ne nous permet pas de voir s'il y a des entailles.

Remarques. — Nous mettons cette espèce dans le genre *Magnosia*, tout en reconnaissant qu'elle tient par plus d'un caractère au genre *Cottaldia*. L'étroitesse du péristome, dont le diamètre n'est guère que le quart du diamètre total, la forme arrondie du pourtour, semblent la rattacher à ce dernier genre. Nous avons cru, toutefois, devoir la rapporter au genre *Magnosia*, à cause de son ensemble plus déprimé que ne le sont ordinairement les *Cottaldia*; à cause de la disposition oblique des granules, tandis qu'ils affectent dans l'autre genre une direction horizontale, et aussi à cause de l'extrême étroitesse des aires ambulacraires. Le *Magnosia Meslei* est un type intermédiaire entre les deux genres, d'ailleurs si voisins.

Rapports et différences. — Le *Magnosia Meslei* se rapproche beaucoup du *M. decorata*, Desor, qui forme déjà un type exceptionnel dans le genre. La disposition des granules est à peu près la même, et le péristome est très petit dans les deux espèces. Mais il est encore moins large dans la nôtre ; les aires ambulacraires sont plus étroites, le pourtour est plus arrondi et les pores ne se multiplient pas à l'approche du péristome, tandis qu'ils sont très multipliés dans le *Magnosia decorata*.

Cette intéressante espèce a été recueillie par M. le Mesle, à qui nous nous faisons un plaisir de la dédier.

Localité. — Djebel Afghan, versant méridional, au sud de la maison forestière du Bou-Thaleb. — Zone à *Terebratula janitor*.

Collection Gauthier.

EXPLICATION DES FIGURES. — Pl. III, fig. 9, *Magnosia Meslei*, vu de profil, de la collection de M. Gauthier ; fig. 10, face supérieure ; fig. 11, face inférieure ; fig. 12, aire ambulacraire grossie ; fig. 13, aire interambulacraire grossie ; fig. 14, appareil apical grossi.

DEUXIÈME PARTIE. — ÉTAGE NÉOCOMIEN.

Les terrains qui, en Algérie, représentent l'étage néocomien proprement dit, sans occuper dans ce pays de larges espaces, y sont cependant assez répandus. On les trouve dans la région du Tell, dans la deuxième chaîne de montagnes, et dans les hauts plateaux du sud, jusqu'aux confins extrêmes du Sahara.

Dans ces diverses régions, ils se présentent avec un facies différent, de sorte qu'il n'est pas toujours facile, ni même possible, de saisir les relations qu'ont entre eux les divers gisements.

En règle générale, les terrains néocomiens du Tell paraissent présenter le facies vaseux pélagique (1). Leurs faunes, presque uniquement composées de céphalopodes, sont riches en bélemnites et en ammonites. Ceux des hauts plateaux et du Sahara, au contraire, affectent le caractère de dépôts littoraux ou d'eaux peu profondes, tantôt avec le facies corallien, comme dans le Djebel Bou-Thaleb, tantôt avec le facies ostréen, comme dans le sud des provinces de Constantine et d'Alger, où les bivalves dominent, et en particulier les huîtres, les moules et les avicules.

Quoique ainsi répandu, le terrain néocomien a été fort peu étudié en Algérie. Sa faune échinologique en particulier est complétement inconnue, et c'est à peine si une ou deux espèces, que nous verrons d'ailleurs être fort douteuses, en ont été citées.

Cet étage a été signalé réellement pour la première fois dans notre colonie par Coquand. En 1854, le savant professeur, dans sa description de la province de Constantine (2), a indiqué avec détail plusieurs gisements importants dans la partie nord de cette province. Quelques années après, Ville (3), ingénieur en chef des mines, signala la présence de ce terrain à l'est de

---

(1) Nous verrons, quand nous aurons à traiter des étages de la craie moyenne et supérieure, que cette observation peut s'appliquer également à eux.

(2) *Mém. Soc. géol. de France*, 2ᵉ série, 1854, t. V, 1ʳᵉ partie.

(3) *Notice minéralogique sur les provinces d'Alger et d'Oran*, 1857, p. 3.

Tlemcen, dans la province d'Oran, et donna une petite liste de
fossiles de cette région, éminemment caractéristique en effet de
l'étage néocomien.

En 1862, dans sa deuxième étude sur la province de Constantine, Coquand (1) signala de nouveau les marnes néocomiennes
à bélemnites plates dans les environs de Batna; mais il ne fit
pas mention du gisement de néocomien jurassien qui surmonte
ces mêmes marnes. Ce n'est que plusieurs années après, en
1866, que M. Brossard (2), dans son intéressant mémoire sur le
sud de la subdivision de Sétif, a fait connaître l'existence dans
les montagnes du Djebel Bou-Thaleb de couches représentant
cet horizon.

Dans un catalogue des fossiles de la province d'Alger qu'il
publia en 1870, et qui n'est guère que la reproduction de listes
déjà publiées par Coquand, Nicaise (3) a donné quelques notes
stratigraphiques, où il indique encore la présence de l'étage
néocomien aux environs de Teniet-el-Haad, près du cimetière de
cette ville et sur la rive droite de l'oued Rherga.

Il y aurait lieu de croire, en effet, d'après la liste qu'il donne
des fossiles de cette localité, que l'étage néocomien vrai s'y
trouve réellement; mais l'indication dans ces mêmes couches de
certaines espèces qui, comme l'*Heteraster oblongus* et autres, ne
se trouvent toujours que beaucoup plus haut, nous fait penser
qu'il peut y avoir quelques confusions d'étages. Il est d'ailleurs
évident que Nicaise comprend dans l'étage néocomien proprement dit toutes les assises aptiennes à facies rhodanien.

Nous avons enfin à mentionner quelques renseignements
généraux sur le groupe néocomien que donne M. Pomel (4) dans
ses *Mémoires sur le Sahara et sur le massif de Milianah.*

Les localités qui ont été particulièrement étudiées par Coquand
sont : le Djebel Taïa, entre Philippeville, Constantine et Ghelma;
le Djebel Sidi-Raïs et la localité dite Aïn-Zaïrin.

(1) *Mém. Soc. d'émulation de la Provence*, t. II, p. 29.
(2) *Mém. Soc. géol. de France*, 2ᵉ série, t. VIII.
(3) *Catalogue des animaux fossiles de la province d'Alger* (*Bull. de la
Soc. de climatologie*, p. 11).
(4) *Le Sahara*, 1872, p. 32. — *Description du massif de Milianah*, 1873,.
p. 16.

Au Djebel Taïa, d'après le savant géologue (1), au pied des grands bancs de calcaires jurassiques qui forment la montagne, viennent buter, en discordance de stratification sur le versant méridional, des marnes et argiles qui renferment : *Belemnites pistilliformis, B. latus, B. dilatatus; Ammonites Juilleti, A. semi-sulcatus, A. Thetys, A. diphyllus, A. strangulatus,* etc., etc. Ces couches, dont la faune indique bien clairement le synchronisme avec le néocomien inférieur des Alpes et de l'Ardèche, sont recouvertes à l'ouest par d'autres marnes à ammonites aptiennes; elles s'étendent au sud sur les bords de l'oued Zenati.

Le deuxième gisement décrit par Coquand est beaucoup plus méridional; il se trouve au Djebel Sidi-Raïs, montagne isolée, au pied de laquelle passe la route de Constantine à Tebessa. Là les couches néocomiennes affleurent à peu près dans les mêmes conditions qu'au Djebel Taïa; mais elles sont plus inté-ressantes encore en raison des gîtes d'antimoine oxydé qu'elles renferment.

Entre ces deux gisements extrêmes, il s'en trouve plusieurs autres présentant les mêmes caractères, notamment dans le massif raviné de l'Oued Cheniour et au sud du Djebel Oum-Setas, à une journée de marche dans le sud-est de Constantine. Co-quand donne de ce dernier gisement, qu'il a exploré auprès du campement d'Aïn-Zaïrin, une description intéressante (2), car la succession y serait tout à fait complète depuis le néocomien inférieur jusqu'à la craie blanche. Nous avons essayé nous-même de retrouver cette localité; mais, trompé par des indications erronées, nous avons fait fausse route, et nous avons perdu dans ces ravins toute la journée dont nous pouvions disposer, sans y rencontrer les couches néocomiennes.

De même que dans les gisements indiqués ci-dessus, ces cou-ches comprennent des argiles grises délayables, avec bancs calcaires subordonnés occupant le fond d'un vallon, le tout très riche en bélemnites et ammonites ferrugineuses de la zone des marnes à bélemnites plates des Alpes et du midi de la France.

(1) *Loc. cit.*, p. 67.
(2) *Loc. cit.*, p. 86.

Aucune assise inférieure à celles-là n'est visible dans ces parages, mais au contraire la série supérieure y est complétemeut et largement représentée, et Coquand y a retrouvé les différents termes de sa nomenclature.

Coquand (1) indique seulement deux oursins dans les gisements néocomiens dont nous venons de parler : ce sont l'*Echinospatangus cordiformis* et l'*Holaster l'Hardyi* (*H. intermedius*). Il eût été intéressant pour nous de retrouver et de pouvoir utiliser pour notre travail ces deux espèces si caractéristiques ; mais Coquand ne les ayant pas vues et ne les ayant citées, je crois, que sur le témoignage d'autres explorateurs, il ne nous est pas possible de les comprendre dans notre catalogue.

Après la mention que nous venons de faire des résultats auxquels est arrivé Coquand, et pour tenir compte, dans ce petit aperçu historique, de tous les renseignements que nous possédons sur la matière, il est nécessaire de faire remarquer que M. Hardouin qui, en 1868, a publié une carte géologique de la subdivision de Constantine, n'admet comme néocomien aucun des gisements que nous venons de citer. D'après ce géologue, il n'y aurait rien de néocomien dans la subdivision (2), si ce n'est quelques couches à *Chama ammonia* dans la chaîne du Fedjouj à Foum-el-Hamia. Les gisements d'Aïn-Zaïrin, de Taïa, etc., sont placés par lui dans le cénomanien, voire même dans les terrains tertiaires. Nous nous contentons de mentionner ces rectifications sans vouloir en partager la responsabilité. Nous sommes loin d'ailleurs, en ce qui concerne plusieurs autres questions abordées par M. Hardouin dans la courte explication qu'il a donnée de sa carte, de partager sa manière de voir et d'accepter ses conclusions.

Quant à la présence du néocomien vrai, au moins dans certaines parties du Tell, elle est, à notre avis, indiscutable,

Nous possédons en effet, provenant de la tribu des Eulmas, au nord-est de Sétif, entre Sétif et Constantine, quelques fossiles

(1) *Loc. cit.*, p. 88.
(2) *Sur la géologie de la province de Constantine* (*Bull. Soc. géol. de France*, t. XXV, p. 341).

en fer pyriteux admirablement conservés, qui, tels que l'*Ammonites Grasianus* et l'*Ammonites Astierianus*, indiquent nettement l'existence de ce terrain dans cette partie de la province.

Indépendamment de ces terrains du nord de la province de Constantine, Coquand, comme nous l'avons dit plus haut, a fait connaître ultérieurement un autre gisement des marnes à bélemnites, qu'il a observé dans le Djebel Chellatah, à l'ouest de Batna. Ce gisement, qui a de très grandes analogies avec ceux dont nous allons avoir à nous occuper, doit être rapporté au même ensemble. Nous l'avons nous-même reconnu, et, quoique la rapidité avec laquelle nous avons dû l'examiner ne nous ait pas permis d'y recueillir de fossiles, nous pouvons du moins affirmer que sa situation stratigraphique et ses caractères pétrologiques sont bien les mêmes.

Le terrain néocomien forme dans cette montagne une dépression profonde, parallèle à la chaîne et encaissée entre les calcaires jurassiques d'une part, et les calcaires néocomiens supérieurs de l'autre. Ceux-ci sont surmontés eux-mêmes par les couches de l'urgo-aptien, qui forment tout le versant ouest de la montagne et descendent jusqu'à l'Oued El-Ma, où nous y avons recueilli des caprotines et des nérinées. L'étage débute au-dessus des calcaires lithographiques, où Coquand a recueilli la *Terebratula dyphia*, par des grès assez puissants, lesquels alternent avec des marnes bleues et grises qui finissent par dominer, et renferment les *Belemnites latus, bipartitus*, etc., et quelques ammonites. Au-dessus de ces marnes fossilifères viennent quelques assises de grès sans fossiles, puis de grandes masses d'un calcaire jaunâtre dolomitique et bréchiforme, qui barrent la montagne et forment de grandes murailles verticales difficiles à atteindre.

Cette situation et ces caractères du terrain néocomien se retrouvent, comme nous venons de le dire, à très peu près exactement dans le groupe de montagnes qui s'étend au nord du bassin du Hodna, dans la subdivision de Sétif, et dans lesquels nous avons précédemment étudié le terrain tithonique. C'est là que M. Brossard l'a signalé ; c'est là que nous avons pu nous-même l'étudier à loisir, et nous pouvons par conséquent entrer à ce sujet dans quelques détails.

TERRAIN NÉOCOMIEN DU DJEBEL BOU-THALEB.

En traitant, dans le chapitre précédent, du terrain tithonique, nous avons présenté déjà des renseignements suffisamment étendus sur les montagnes du nord du Hodna. Presque toutes les indications géographiques que nous avons données pour l'étage tithonique peuvent servir pour le terrain néocomien, car partout en effet où se montre le premier, il est régulièrement surmonté par les assises néocomiennes. C'est donc, comme on l'a vu, sur les versants sud du Djebel Bou-Iche et du Bou-Thaleb, et autour du pic de Saure-Afghan, que l'on peut le rencontrer. On trouve en outre cependant le terrain néocomien isolé sur le versant E. de cette dernière montagne où les calcaires tithoniques n'affleurent pas, et également à l'ouest du Bou-Iche où il forme une longue bande très étroite parallèle à la rivière, et séparée du massif du Bou-Iche par une faille profonde.

Pour avoir la succession complète et une coupe bien nette des assises néocomiennes, il faut les étudier au sud du petit village arabe d'*Anouel*, près de la dépression appelée *Teniet-Courass*, où passe le sentier qui conduit d'Anouel à la vallée de l'Oued Soubella.

Dans cette partie, les marnes à belemnites et les couches fossilifères qui les surmontent forment une longue bande que nous n'avons pu explorer qu'en quelques points, et qui donnera sans doute par la suite bien d'autres matériaux. Les couches sont surtout à nu, et bien visibles sur les deux rives du Foum-Anouel, là où le ruisseau, resserré dans son lit par la barre que forment les calcaires supérieurs, a fortement entamé les roches et creusé un ravin profond. Le versant nord du Serra-Mta-Grouze, des deux côtés de ce ravin, est très riche en fossiles.

Sur ce point, comme nous l'avons dit, les marnes à bélemnites sont superposées au terrain tithonique, mais le contact n'est pas immédiat. Nous savons en effet que, dans cette région, le terrain tithonique est, comme à Grenoble, terminé ou surmonté par une série assez épaisse de calcaires marneux gris cendré, à ciment, dans lesquels nous n'avons recueilli que des empreintes d'am-

monites indéterminables. Ces calcaires, sur l'âge précis desquels
nous n'avons en conséquence que des présomptions, sont très
vraisemblablement les équivalents des calcaires à ciment de
Grenoble et de Chambéry, qui se trouvent exactement dans la
même position. Dans ce cas très-probable, les calcaires en question représenteraient l'horizon de Berrias, et devraient être compris dans l'étage néocomien. A défaut toutefois de renseignements
plus précis, nous ne faisons commencer cet étage qu'aux marnes
à bélemnites.

Il nous semble d'ailleurs que, même en admettant comme
démontré le synchronisme de ces couches inférieures avec le
calcaire de Berrias, il vaudrait mieux encore les rattacher à l'étage
tithonique, avec lequel elles sont liées si intimement que le
point de transition entre les deux groupes est impossible à indiquer.

Notre terrain tithonique a, comme nous l'avons vu, des affinités
avec l'horizon de Berrias, et plusieurs espèces de cette localité
ont été retrouvées par nous à l'Oued Soubella. Il en résulte
que la ligne de séparation des deux étages est certainement
mieux placée au commencement des marnes et grès néocomiens,
dont l'apparition indique au moins un ordre de choses nouveau,
un changement important dans les conditions de sédimentation,
et explique ainsi la modification considérable qui survient dans
le facies paléontologique.

Les marnes néocomiennes de Teniet-Courass sont très puissantes. Avec les bancs de grès qui y sont intercalés, elles atteignent une centaine de mètres ; c'est au delà seulement qu'appa-
raissent les calcaires gréseux fossilifères qui représentent le
néocomien à faciès jurassien.

Nous donnons ci-après (fig. 2) la coupe que nous avons pu
relever de cette intéressante localité. Le soin que nous y avons
mis nous fait espérer qu'aucune particularité importante n'est
restée inaperçue.

En A et en B, nous indiquons d'abord les couches à *Terebratula janitor* et les calcaires à ciment bases du système. Puis en C
commencent des marnes d'abord un peu calcaires et grises, puis
jaunâtres et très-fissiles, dont la transition avec les calcaires

sous-jacents est assez bien ménagée, et ne porte aucune trace d'interruption, ni même de brusque changement. Elles renferment abondamment par places les *Belemnites latus, bipartitus* et *subfusiformis*, et des fragments rares et déformés de petites ammonites ferrugineuses.

Un gros banc de grès D recouvre ces premières marnes, et est lui-même recouvert par d'autres assises puissantes de marnes argileuses, grises et verdâtres, avec des grès en plaquettes subordonnés et quelques bélemnites en mauvais état, puis au-dessus par des marnes rougeâtres, lie de vin et violacées, avec grès rougeâtres.

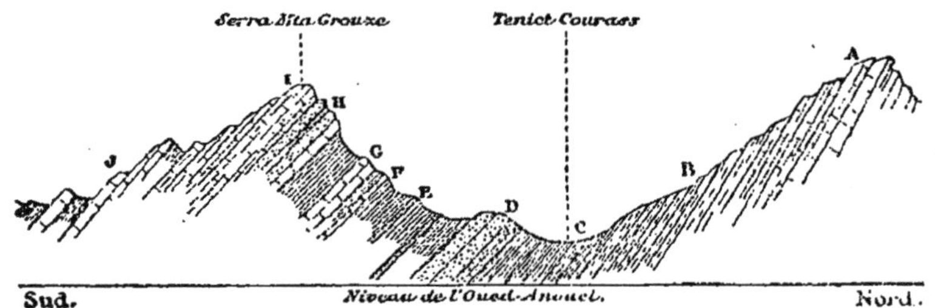

Fig. 2. — Profil de l'étage néocomien au sud d'Anouel.

A. Calcaires cendrés à Terebratula janitor.
B. Calcaires marneux à ciment.
C. Marnes grises et jaunes à Belemnites latus.
D. Grès blancs et jaunes s. f.
E. Marnes multicolores avec bancs de grès et quelques Bélemnites.
F. Couche à polypiers.
G. Calcaires gréseux jaunâtres, à Ostrea Couloni, O. rectangularis, Pterocera pelagi, Echinospatangus subcavatus, etc., etc.
H. Couche à radioles du Pseudocidaris clunifera,
I. Dolomies, calcaires et grès.
J. Marnes multicolores, grès et calcaires noirâtres formant la partie supérieure du néocomien, s. f.

Ces argiles multicolores ne nous ont pas donné de fossiles ; c'est seulement à leur partie supérieure que l'on en a retrouvé.

La faune débute par un lit exclusivement composé de polypiers, et d'une grande richesse en beaux échantillons. Ce lit, qui n'a qu'une très mince épaisseur, est cependant visible en place sur plusieurs points. Il nous a fourni au moins une quarantaine d'espèces d'une belle conservation, parmi lesquelles nous avons pu en reconnaître plusieurs identiques avec celles des gisements néocomiens de Fontenoy, de Leugny et de Saint-Sauveur dans l'Yonne. Ce sont principalement :

Eugira neocomiensis, Fromentel.
Cyatophora neocomiensis, id.
Astrocœnia regularis, id.
Phyllocœnia neocomiensis, id.
Dimorphocœnia crassisepta, id.
Etc.

A la même hauteur que les polypiers, mais non en place, nous avons recueilli encore d'assez nombreux fossiles ; mais ce versant étant recouvert de débris des couches supérieures, nous ne sommes pas sûr que ces fossiles fussent là à leur propre niveau. Au-dessus du banc à polypiers on observe des marnes grises sans fossiles (?) ; puis une petite série G de calcaires un peu gréseux et rognoneux, jaunâtres, très fossilifères.

Les *Ostrea rectangularis* et *O. Couloni* y forment des amas. Une térébratule fortement plissée, identique avec une variété de *Terebratula sella*, qu'on rencontre à la Clape, y est également fort abondante.

Un ptérocère, que nous rapportons, ainsi que MM. Coquand et Brossard, au *Pterocera pelagi*, d'Orb., tout en remarquant cependant que ce moule est à peu près aussi voisin du *P. Desori* de l'étage valenginien de Sainte-Croix, domine sur quelques points, et nous en avons pu recueillir de nombreux individus.

Entre autres fossiles connus encore, nous avons rencontré les suivants : *Janira atava, Crassatella Robinaldina. Terebratula prœlonga (T. acuta,* Quenstedt), etc. ; puis un grand nombre de fossiles nouveaux ou incertains, nérinées, natices (plusieurs espèces), ammonites (fragments voisins d'*A. Astierianus*), *Opis, Cardium,* isocardes, crassatelles, pholadomyes, trigonies, plicatules, etc.

Les oursins qui proviennent de cette zone sont les suivants :

Holectypus macropygus, Desor.
Pyrina incisa? Agass.
Cidaris muricata, Rœmer.
Acrosalenia patella (Ag.), Desor.
Pseudocidaris clunifera, de Lor. (Ag.).
Orthopsis Repellini, Cot.

Puis quelques autres espèces nouvelles que nous décrirons plus loin sous les noms suivants :

> *Echinospatangus subcavatus,*
> *Echinoconus soubellensis,*
> *Pseudodiadema anouelense,*
> *Codiopsis Meslei,*
> *Pygurus,*
> *Rhabdocidaris.*

A ces calcaires fossilifères succèdent quelques assises gréseuses assez puissantes, qui forment parfois l'arête culminante du Serra-Mta-Grouze ; puis, immédiatement au-dessus, une assise marno-calcaire blanchâtre, littéralement lardée de radioles du *Pseudocidaris clunifera.* Ce fossile, que nous avons trouvé seul dans cette assise, y existe en quantité considérable et on peut l'y recueillir en très-bon état. Il paraît être en même temps le dernier de cette série ; car, dans la grande masse de dolomies grenues et de grès rougeâtres qui succèdent à cette assise et forment la charpente et le point saillant de cette montagne, nous n'avons plus recueilli aucune espèce.

Cette partie des couches néocomiennes dont nous venons de nous occuper semble ne former que la partie inférieure de l'étage.

Au-dessus d'elles, en effet, se succèdent encore, au sud du Serra-Mta-Grouze, en plongeant toujours vers le Hodna, une série puissante de grès blanchâtres ou jaunes, à grains fins, en bancs très inégaux, alternant avec des argiles schisteuses, souvent verdâtres et donnant lieu à des efflorescences ; puis plus haut, d'argiles semblables et de calcaires variables, quelquefois grenus et comme oolithiques, presque tous de couleur foncée et souvent magnésiens.

C'est seulement au-dessus de cette série, qui sur ce point atteint au minimum 150 mètres d'épaisseur, que viennent affleurer enfin les couches à orbitolines, à *Heteraster oblongus* et à caprotines, lesquelles représentent bien nettement l'étage aptien inférieur ou rhodanien des géologues suisses. Cette série de couches ainsi intercalées entre l'étage rhodanien et le néoco-

mien à spatangues, et qui, dans la région du Bou-Thaleb, n'a
encore présenté, en fait de fossiles, que des débris d'huîtres
indéterminables, est peut-être celle qui affleure si fréquemment
dans l'extrême sud de la province et dont nous allons avoir à
nous occuper. C'est de cet ensemble que M. Brossard a fait ses
étages barrémien et urgonien; mais ces divisions et ces rap-
prochements, comme nous le montrerons, ne sont pas suffisamment justifiés pour que nous les adoptions. Nous nous contenterons donc de désigner ces couches sous la dénomination de
néocomien supérieur, pour les distinguer des précédentes, qui
constituent pour nous un néocomien inférieur.

TERRAIN NÉOCOMIEN DU SUD DE LA PROVINCE DE CONSTANTINE.

Les couches néocomiennes inférieures dont nous venons de
nous occuper, c'est-à-dire les marnes à bélemnites et les calcaires à spatangues qui les surmontent, n'ont encore été, à
notre connaissance, observées que dans le Tell algérien proprement dit, et en particulier dans la chaîne de montagnes qui,
depuis Batna jusqu'à l'Oued Ksab, s'étend au nord du bassin des
Chotts et forme un des axes de soulèvement de la contrée. Le
terrain néocomien du sud algérien accuse des caractères très
différents et il devient difficile de le mettre exactement sur le
même horizon. M. Brossard le considère comme représentant
l'étage urgonien et, d'autre part, il classe dans le barrémien
de Coquand les grands bancs de dolomie sombre qui partout
forment la partie la plus inférieure du système néocomien et
jouent un rôle si considérable dans l'orographie des hauts plateaux.

Nous ne partageons pas cette manière de voir et nous en ferons
connaître les motifs.

Dans toutes les montagnes du nord du Hodna, dont nous
avons parlé, mais principalement dans les tribus des Ayades et
des Rhigha-Dahra, le néocomien supérieur est largement repré-
senté.

Dans le Djebel Mahdid déjà, où les couches jurassiques ne se
montrent plus, c'est lui qui occupe la partie centrale de la mon-

tagne. Partout ailleurs ses couches, fort résistantes, donnent naissance à de grandes crêtes secondaires, parallèles à l'axe central et séparées de lui par une dépression profonde qui correspond aux marnes inférieures. C'est ainsi qu'il en est au nord de l'Afghan, vers la maison forestière; puis sur tout le versant sud du Bou-Thaleb et aussi dans le Djebel Chellatah, à l'ouest de Batna.

La liaison entre ces dernières localités et les gisements de l'extrême sud est assez bien établie par une série d'affleurements et d'îlots qui jalonnent cette direction et permettent de suivre et de reconnaître la formation. Les affleurements principaux qui servent de traits d'union sont le Djebel Guendil, et, plus à l'ouest, le Djebel Mahdid; puis, dans le Hodna, les environs du caravansérail d'Aïn-Kermam, et, en s'avançant vers le sud, l'oasis de Bou-Saada, Aïn-Melah et le Djebel Zerga, base du Bou-Khaïl. Ces derniers affleurements sont eux-mêmes reliés intimement à ceux des environs de Laghouat, dont le Djebel Zaccar, le Merguet et surtout le Lazereg peuvent être considérés comme les types les meilleurs et les plus importants.

Au nord du Hodna, ainsi que nous l'avons dit, les couches du néocomien supérieur, très pauvres en fossiles, ne nous ont offert que quelques débris d'huîtres. Il n'en est pas de même dans la région du sud, où nous avons pu remarquer en certains endroits plusieurs niveaux fossilifères importants; mais malheureusement la plupart des fossiles, nouveaux ou d'une détermination incertaine, sont peu probants en ce qui concerne l'âge des couches.

Dans ces conditions, quelles que soient d'ailleurs nos convictions au sujet de cette classification, comme les preuves que nous pouvons en donner, ne sont pas absolument péremptoires, il importe d'y apporter quelques réserves et de prémunir les lecteurs contre les causes d'erreurs que pourrait entraîner une assertion trop affirmative. Quelques explorateurs, et en particulier M. le Mesle, pensent que les couches du Lazereg, du Zaccar et des environs du bordj d'Aflou peuvent bien représenter l'étage néocomien tout entier. C'est là une opinion importante à mentionner et qu'il y a lieu de prendre en sérieuse considération.

La moitié environ des oursins que nous avons à décrire proviennent des terrains néocomiens du sud. Il est donc nécessaire, pour préciser leur situation, d'entrer dans des détails suffisants sur leurs divers gisements. Ces détails, d'ailleurs, seront d'autant mieux à leur place, que la plupart d'entre eux sont complétement inconnus, et que la science ne possède sur cet ensemble de couches que les renseignements qu'en a donnés M. Brossard, et quelques indications que M. Paul Marès (1) a présentées à l'Académie des sciences.

Les affleurements connus actuellement de ce terrain rapporté par nous au néocomien sont nombreux, mais isolés tous en forme d'îlots. La série puissante des couches s'y montre rarement tout entière.

Tantôt c'est une portion des couches qui affleure en perçant la croûte épaisse de terrain saharien étendue sur ces hauts plateaux; tantôt c'en est une autre. Tous ces gisements ne sont donc pas exactement parallèles. Il en est même dont l'âge néocomien n'est pas bien prouvé et nous paraît même fort douteux. Nous ferons connaître, en les mentionnant, les motifs de nos réserves.

Parmi les localités où nous avons pu étudier nous-même le terrain néocomien des hauts plateaux, celle de Bou-Saada, où nous avons séjourné longtemps et à plusieurs reprises, nous est bien complétement connue. Nous allons donc, quoique ce gisement ne nous ait fourni aucun oursin déterminable, entrer dans quelques détails sur la succession d'assises qu'on y peut observer.

Tout d'abord il convient de faire remarquer que, dans le relevé succinct que nous allons donner, nous ne pouvons comprendre toutes les assises réellement observées. Nos notes, prises en vue d'un travail détaillé sur les environs de Bou-Saada, renferment une longue et monotone succession de couches alternantes, dont la complète énumération ne présente pas d'intérêt au point de vue spécial où nous nous sommes placé. Nous nous contenterons d'indiquer les niveaux et les assises les plus remar-

(1) Marès, *Constitution géol. du sud de la prov. d'Alger* (*Compt. rend. de l Acad. des sciences*, 1865, t. LX, n° 20, p. 1039).

quables, en ajoutant que le caractère saillant de cette série de couches est la diversité excessive du caractère pétrologique, qui varie constamment d'une couche à l'autre, présentant dans une épaisseur de 100 mètres une succession continuelle de roches marneuses, gréseuses, argileuses, calcaires et dolomitiques, sous des formes et avec des couleurs très variées.

Pour avoir une idée complète de cette succession, il est nécessaire de recouper la série sur de nombreux points de l'affleurement. Ces couches étant à Bou-Saada presque verticales et accolées au flanc d'une montagne, sont souvent masquées par des éboulis. C'est seulement après de nombreuses explorations dans les différents petits ravins qui découpent le massif, et en raccordant les séries partielles ainsi relevées que l'on peut arriver à reconstituer la série entière.

Les couches les plus inférieures qui soient visibles à Bou-Saada sont celles qui constituent la montagne connue sous le nom de Djebel Kerdada. C'est une masse puissante de dolomies dont les assises, cintrées vers l'axe de la montagne, s'infléchissent presque verticalement de chaque côté du bombement. Ces dolomies, d'une teinte généralement foncée, prennent dans les parties exposées à l'air une couleur de rouille noirâtre, qui donne à toute cette montagne dépourvue de végétation un aspect sombre et désolé. Les divers bancs dolomitiques varient un peu de la partie inférieure à ceux de la surface. La roche, parfois grise, à grain fin, à cassure esquilleuse, est d'autres fois cristalline, puis rougeâtre ou rose et subsaccharoïde ; le plus souvent enfin elle est noirâtre.

Certains bancs sont de véritables brèches ; d'autres veinés de chaux carbonatée cristallisée donneraient un assez beau marbre. Les parties inférieures de cette masse m'ont paru être complétement dépourvues de fossiles. Dans les bancs supérieurs, grâce à des recherches très persévérantes, nous avons pu en recueillir un certain nombre. Ce sont quatre ou cinq espèces de nérinées qu'il a malheureusement été impossible de déterminer spécifiquement. Une d'elles, assez abondante, rappelle le type du *Nerinea sexcostata.* Elle paraît se retrouver encore dans d'autres bancs plus élevés.

En raison de l'absence de fossiles caractéristiques, nous sommes un peu indécis sur la classification de ces bancs dolomitiques du Kerdada. M. Brossard les a considérés comme représentant les dolomies qui, au Djebel Bou-Thaleb, composent la partie supérieure du néocomien et il les a classés dans son étage barrémien. Nous pensons aujourd'hui, avec M. Tissot, qu'il convient plutôt de les attribuer au Jura supérieur. Ils seraient alors l'équivalent des dolomies supérieures du séquanien de Chellalah et autres localités du sud algérien.

Les couches à fossiles néocomiens étant en concordance avec les dolomies en question, pourraient en conséquence représenter tout l'étage, y compris peut-être les marnes à bélemnites plates. Mais il convient de faire remarquer que l'existence de brèches et d'éléments remaniés peut faire admettre l'hypothèse d'une interruption sédimentaire, d'une lacune pendant le dépôt des marnes à bélemnites.

Les assises immédiatement superposées aux grands bancs dolomitiques supérieurs à nérinées sont visibles, surtout dans la partie sud du versant ouest du Kerdada.

Elles commencent par des alternances de bancs dolomitiques avec des assises calcaréo-marneuses, rognoneuses, blanchâtres, dans lesquelles des fragments plus durs et d'une teinte plus foncée sont empâtés et comme remaniés.

Au-dessus vient une petite série de couches marneuses et marno-sableuses, dont quelques-unes, dolomitiques par places, sont pétries de petits fragments émoussés d'un calcaire plus noir que la roche enveloppante. Dans cette série se trouve abondamment une térébratule qui se rencontre plus haut encore, et qui paraît bien identique au *Terebratula prælonga*, d'Orb. (*T. acuta*, Quenstedt), du terrain néocomien du bassin parisien et du terrain rhodanien de l'Isère et des Pyrénées. On y trouve encore, avec de nombreux débris, une huître foliacée, irrégulière, qui a été recueillie dans plusieurs gisements des hauts plateaux, et dont Coquand a fait l'*Ostrea Maresi*.

Un autre niveau important, un peu au-dessus du précédent, est formé par un calcaire assez dur d'une puissance de 4 à 5 mètres, composé de petits fragments semblables à des oolithes.

La base est une vraie lumachelle pétrie de débris d'huîtres et
de térébratules. A sa partie supérieure, j'ai observé des dents
de poisson, des astartes et de nombreux débris d'oursins qui,
d'après la forme des pores, ont dû appartenir à des *Pygurus* et
sans doute aussi à des *Echinospatangus*.

Cette couche, qui est très reconnaissable en raison de sa structure suboolithique, forme un excellent point de repère. Nous
l'avons observée en plusieurs localités, notamment au Djebel
Seba, où elle nous a fourni quelques oursins.

Au-dessus de ce niveau, nous avons relevé une série de plus
de 25 mètres de grès blancs et rougeâtres et de marnes irisées
sans fossiles. Les dernières assises seulement, qui deviennent
magnésiennes, renferment, de même que les dolomies inférieures, de longues nérinées noyées dans la pâte et de nombreux
petits spongiaires. A ces couches succèdent des calcaires sableux,
des marnes et lumachelles avec de nombreux débris d'huîtres,
dont une très grande, quelques traces de bélemnites, des moules
de trigonies et d'avicules, et le *Terebratula prælonga*. C'est de ce
niveau que vient très probablement l'*Ostrea mauritanica* décrit
par Coquand, et un autre qu'il a rapporté avec doute à l'*O.
Leymerici*.

Après de nouveaux grès et de nouvelles dolomies, les couches
passent à des calcaires gréseux, puis à des calcaires marneux
gris bleuâtre, à pâte grossière, riches en fossiles. Nous avons pu
réunir là une série assez nombreuse d'espèces et des échantillons
bien conservés. Ce sont d'abord des moules de gastéropodes,
principalement de natices et de grosses nérinées. Parmi les premières, il en est une voisine du *Natica prælonga*, d'Orb., une
autre du *N. lævigata;* une troisième innommée, mais que nous
avons déjà rencontrée dans le terrain néocomien d'Anouel, et
enfin une quatrième espèce qui me paraît absolument identique
au *Natica Pidanceti*, Pictet, de l'étage valengien de Montepile et
du calcaire roux de Sainte-Croix. La forme de cette coquille est
si remarquable et si caractéristique, que je n'hésiterais pas dans
sa détermination, si je n'étais convaincu que des assimilations
ainsi faites sur de simples moules comportent toujours des
chances d'erreur, surtout quand il s'agit de gisements aussi éloignés et sans relations bien établies.

Dans les nérinées, nous avons reconnu seulement quelques
espèces spéciales à l'Algérie, et notamment le *Nerinea Pauli*,
Coquand, que nous avons rencontré ailleurs en contact avec les
caprotines de l'urgo-aptien.

M. Brossard (1) mentionne encore le *Nerinea gigantea*, d'Hom-
bres-Firmas, qui doit provenir de cet horizon, mais que nous
n'avons pu reconnaître, et Coquand le *Nerinea Villiersi*.

Parmi les coquilles bivalves, je citerai comme les plus abondantes et les plus caractéristiques : 1° une avicule lamelleuse,
à longue charnière, qui se trouve dans plusieurs bancs, et que
l'on peut recueillir avec son test en bon état; 2° une trigonie
à stries subonduleuses, identique au *Trigonia longa*, Agassiz ;
3° une autre grosse et belle trigonie, abondante, qui a été
rapportée par MM. Coquand et Brossard au *Trigonia Hondaana*,
Lea, du terrain aptien d'Espagne. Cette espèce, en effet, en
est très voisine par sa taille et ses ornements ; mais nous avons
pu nous convaincre, par une comparaison approfondie de
nos nombreux échantillons avec d'excellents types de *Trigonia
Hondaana* que nous devons à la libéralité de Coquand, que l'espèce d'Algérie présente avec celle-ci des différences constantes et
assez importantes, notamment dans le côté anal, qui est beaucoup moins large et plus acuminé.

Avec ces fossiles principaux on en trouve quelques autres qui
nous paraissent nouveaux : une *Venus* à stries d'accroissement
prononcées, une *Circe*, des modioles, etc.

Au-dessus de ces assises fossilifères, qui sont à peu près les
seules fournissant des fossiles bien déterminables, nous n'avons
plus à signaler que quelques couches assez remarquables qui
semblent se retrouver d'une façon bien constante dans toutes ces
régions jusqu'au delà de Laghouat.

Ce sont d'abord, un peu au-dessus des calcaires à trigonies,
quelques bancs de calcaires en plaquettes, gréseux, jaunâtres,
littéralement pétris de petits gastéropodes, et surtout de petites
turritelles.

M. le Mesle nous a envoyé, provenant du Djebel Amour, des

____

(1) *Loc. cit.*, p. 209.

plaquettes semblables qui ne diffèrent que par le plus de dureté de la roche et par une meilleure conservation des fossiles.

A peu de distance de ce niveau, on remarque encore des bancs de calcaire marneux noirâtre, présentant parfois des efflorescences pyriteuses blanches et des indices de lignite. Ces couches à Bou-Saada forment une dépression dans laquelle coule la petite rivière qui donne la vie à l'oasis. Ce niveau lignitifère, qui a donné lieu à des recherches infructueuses, paraît également très constant dans le sud des trois provinces. Il existe à l'extrême sud dans le Djebel Zerga, puis à l'ouest de Laghouat, vers Aïn-Madhi et jusque dans le Djebel Amour. C'est encore un point de repère, un indice important qui, réuni aux autres, forme un ensemble de caractères permettant de reconnaître facilement le terrain qui nous occupe.

Les calcaires bleuâtres sont à Bou-Saada recouverts par une série puissante de marnes lie de vin et verdâtres, gypsifères, alternant avec des grès durs et des psammites multicolores, dont la désagrégation contribue, avec celle des grès albiens que nous verrons plus haut, à former ces sables mouvants qui s'étendent sur toute la plaine, au nord de l'oasis (1). Ces grès sont eux-mêmes surmontés auprès du bordj par les assises très fossilifères de l'étage rhodanien, dont nous aurons à nous occuper dans un autre fascicule.

Il serait difficile, au milieu de cette série, d'indiquer le point où finit le néocomien et où l'aptien commence.

Nous pensons, ainsi que MM. Brossard et le Mesle, qu'il convient de faire commencer ce dernier aux marnes et grès multicolores.

Nous résumons maintenant dans le diagramme ci-après, qui montre la disposition des couches, la succession que nous venons de parcourir.

---

(1) Ce phénomène se reproduit fréquemment dans les hauts plateaux, et les bancs de sable que l'on voit au sud des lacs Zahrez, au nord de M'kraoula, à l'ouest de Tadmit, vers Sidi-Bouzid, etc., n'ont pas d'autre origine.

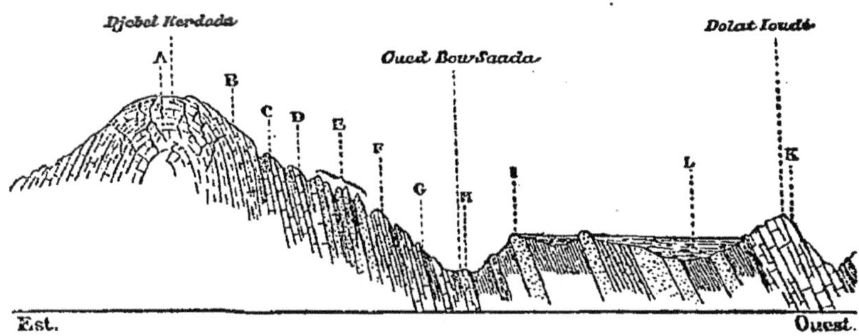

Fig. 3. — Coupe du Djebel Kerdada au Dolat Ioudi, prise un peu au sud de l'oasis.

A. Dolomies en bancs épais.
B. Dolomies grises à nérinées.
C. Couches à Terebratula prœlonga, Ostrea Maresi, etc.
D. Bancs suboolithiques à Pygurus.
E. Série de grès et marnes multicolores.
F. Calcaires bleuâtres à natices, trigonies, avicules, nérinées, etc.
G. Calcaires gréseux en plaquettes, à petits gastéropodes.
H. Calcaire bleu lignitifère.
I. Alternances de grès en grands bancs, de psammites et marnes irisées gypsifères.
K. Calcaires et marnes à orbitolines et Heteraster oblongus de l'étage rhodanien.
L. Terrain saharien détritique, sables et argiles gypseuses.

La localité de Bou-Saada peut, ainsi que nous l'avons dit, servir de type pour le développement des assises du terrain néo-comien du sud. Peut-être dans d'autres localités, comme au Djebel Zerga ou au Lazereg, est-il plus développé encore et plus riche en fossiles? Mais nous possédons moins de renseignements sur ces gisements, et d'ailleurs les traits principaux de la série paraissent être sensiblement les mêmes. Nous ne donnerons donc plus que quelques détails qui nous paraissent nécessaires sur ceux de ces gisements d'où proviennent les oursins que nous avons à décrire.

Trois de nos espèces, le *Pygurus impar*, le *Pygurus eury-pneustes*, l'*Echinobrissus sebaensis*, ont été recueillies par nous dans les couches néocomiennes du versant sud du Djebel Seba-Liamoun, chez les Ouled-Aïssa. Dans cette localité, dont nous avons ailleurs donné le diagramme (1), le terrain néocomien forme une longue colline qui s'étend d'Aïn-Melah vers le pic du Seba, où il s'appuie en discordance sur les couches très-redres-sées de l'étage séquanien. Cette disposition ne permet pas de

(1) *Echinides fossiles de l'Algérie*, fascicule I.

tirer aucune conclusion du voisinage des couches jurassiques pour en déduire la place précise que les couches superposées occupent dans la série néocomienne. La transgression y est évidente, et d'ailleurs une faille profonde, qui a mis sur tous les autres points le néocomien en contact par sa base avec le cénomanien, a sans doute tronqué les couches inférieures (1).

La série des assises néocomiennes du Djebel Seba n'est pas facile à relever en entier ; sauf la partie inférieure, presque toutes les couches sont en partie masquées par le terrain saharien ou par des touffes épaisses d'Alfa. Il n'y a guère que les bancs les plus résistants qui font saillie. Nous avons pu y discerner seulement : 1° au contact des assises jurassiques, des calcaires gris bleuâtre un peu marneux, avec moules de bivalves indéterminés (*Cardium*, *Venus*, etc.), et quelques gastéropodes, parmi lesquels un ptérocère que nous rapportons, comme celui d'Anouël, au *Plerocera pelagi*. Ces couches ne paraissent pas être les plus inférieures de la série, car à quelques kilomètres plus à l'est nous avons observé à la base de la colline néocomienne des dolomies à nérinées, semblables à celles du Kerdada.

Au-dessus s'étage un ensemble assez puissant de calcaires très durs, gris de fer, et de lumachelles ostréennes, où l'on aperçoit une huître plissée indéterminée, puis des alternances marneuses et gréseuses, et un peu plus haut un banc remarquable suboolithique, visible seulement par places et rempli de fossiles.

L'*Echinobrissus sebaensis* y est très abondant; j'y ai rencontré en outre les deux *Pygurus*, puis quelques autres espèces, *Ostrea Maresi* (?), une avicule et un *Mytilus* allongé, qui doit être celui qu'on a rapporté au *M. Cuvieri*, Math.

Cette couche est la dernière où nous ayons recueilli des fossiles. Une longue succession de marnes, de grès, etc., s'étend encore dans la plaine vers le petit ruisseau, l'Oued Liamoun, et va former la base du plateau aptien d'Aïn-Rich.

Un autre gisement très intéressant se trouve un peu au sud

---

(1) En ce qui concerne cette région, la carte géologique de M. Brossard est à reviser. Ce géologue, empêché d'y séjourner, n'y a pu reconnaître ni le jurassique ni le cénomanien, et la dislocation de cette montagne lui a échappé.

d'Aïn-Rich, formant à une quarantaine de kilomètres le pendage
des couches néocomiennes du Seba et d'Aïn-Melah : c'est le Djebel Zerga, base du Bou-Khaïl et dernier rideau montagneux qui
sépare les hauts plateaux des immenses plaines sahariennes de
l'Oued-Djeddi. Quelques défilés étroits, comme le *Krenguet
Ouzina*, le *Krenguet el Asfor*, donnent de cette montagne d'excel-
lentes coupes. M. Brossard a relevé avec soin celle d'el Asfor et
y a recueilli quelques fossiles, notamment un *Echinospatangus*
assez répandu dans d'autres gisements de la province d'Alger, et
dont nous avons fait l'*Echinospatangus africanus*.

Sur ce point, la série des couches est aussi complète qu'à Bou-
Saada. On y voit depuis les dolomies inférieures jusqu'à l'étage
cénomanien supérieur, et le parallélisme complet entre les deux
localités ne paraît pas douteux.

Les dolomies et les calcaires noirâtres de la base forment un
premier rideau de montagnes, le Djebel Tefegnan, le Djebel
Zerga, etc. ; les grès supérieurs du néocomien en forment un
second, et enfin au delà d'une dépression formée par les marnes
aptiennes, s'élève une troisième arête, le Bou-Khaïl, formée par
les assises marneuses, gypseuses et calcaires de l'étage cénomanien.

Dans la série néocomienne d'el Asfor, les grès et marnes colo-
rées que nous avons signalés à Bou-Saada paraissent moins abondants, mais nous y remarquons néanmoins les assises les mieux
caractérisées de cette localité, c'est-à-dire les calcaires magnésiens de la base, les lumachelles à *Ostrea Maresi*, les couches
bleuâtres à efflorescences pyriteuses, et surtout ces bancs à tex-
ture suboolithique que M. Brossard mentionne comme remplis de
petits débris arrondis qu'on pourrait prendre au premier abord
pour des orbitolines.

Dans le parcours que nous venons de faire des terrains néocomiens du sud de la province de Constantine, nous avons suivi
seulement la direction du nord au sud pour établir la liaison avec
ceux des environs de Laghouat et du Djebel Amour dans la province d'Oran ; mais dans le cercle de Bou-Saada même, il existe
beaucoup d'autres affleurements que nous ne pouvons passer
complétement sous silence. Sans entrer dans des détails qui

seraient ici superflus, nous mentionnerons seulement le gisement important qui se trouve auprès du bordj du caïd de l'Oued-Chair; puis, en remontant vers le Hodna, ceux des environs du caravan-sérail de Mcif, et surtout enfin celui du caravansérail d'Aïn-Ker-mam, sur le chemin d'Aumale à Bou-Saada, que M. Brossard a décrit dans son travail précité.

TERRAIN NÉOCOMIEN DU SUD DES PROVINCES D'ALGER ET D'ORAN.

Le trait d'union des terrains du cercle de Bou-Saada avec ceux du sud de la province d'Alger est établi, comme nous l'avons dit, d'une façon bien évidente. Le Djebel Zaccar, en effet, qui se trouve dans cette province, au nord-est de Laghouat, est très voisin du Bou-Khaïl, dont ses couches viennent former la base, et il est évident que les assises néocomiennes qui en forment le centre sont la continuation, par dessous le Bou-Khaïl, de celles que nous avons vues à Qemera et el Asfor. Plusieurs espèces communes témoignent d'ailleurs de ce parallélisme.

Le Djebel Zaccar, le Djebel Zerga et le Seba sont le pendage les uns des autres, et forment les bords de cette grande cuvette que remplissent les assises aptiennes et cénomaniennes d'Aïn-Rich, de Medjebara, de Méliléah et du Bou-Khaïl.

Le Djebel Zaccar lui-même est d'un autre côté intimement lié au Djebel Merguet, au Tadmit et au Lazereg. Ce fait est facile à constater, car dans ces vastes plaines peu accidentées, aux mou-vements larges et simples, il est possible de suivre les directions et les grandes lignes que dessinent les terrains.

Les premiers gisements de la province d'Alger qui nous aient fourni des matériaux sont le Djebel Zaccar et le Djebel Merguet, aux environs des caravansérails d'Aïn-el-Ibel et de Sidi-Makhe-louf, sur le chemin de Boghar à Laghouat.

Ces régions ont été, il y a longtemps déjà, étudiées par M. Marès (1), qui en a rapporté quelques fossiles, notamment le *Cidaris Maresi*, Cot., et un *Echinospatangus* qu'on a assimilé d'abord à l'*Echinospatangus granosus*, mais que Coquand, dans

(1) *Comptes rendus de l'Académie des sciences*, t. LX, 1865, n° 20, p. 1039.

des notes inédites, a considéré comme nouveau et désigné sous le nom d'*Echinospatangus africanus*, nom sous lequel nous le décrirons plus loin.

Les couches renferment encore là des huîtres assez abondantes, mais toutes spéciales à l'Algérie, et dont Coquand a fait les *Ostrea Maresi, O. Eos, O. Tisiphone*, etc.; puis le *Terebratula prælonga*, un ptérocère, des spongiaires, etc.

Le Zaccar et le Merguet sont formés tous deux par des bancs redressés presque jusqu'à la verticale et qui forment de hautes murailles absolument infranchissables. Deux ravins connus sous les noms de *kheneg de Zaccar* et de *kheneg de Merguet*, permettent seuls de pénétrer dans l'intérieur de ces massifs. Des grès d'une puissance de plusieurs centaines de mètres (1) forment la partie supérieure ou extérieure de la montagne, dont le centre est occupé par une série de calcaires bleu noirâtre fossilifères.

M. le Mesle, qui récemment a exploré ces régions, nous a transmis, avec les fossiles qu'il a recueillis, des renseignements intéressants et des profils montrant exactement la disposition des couches dans ces diverses montagnes.

Ces résultats des recherches de cet infatigable explorateur étant complétement inédits et les contrées explorées à peu près inconnues, nous croyons utile de reproduire dans ce travail, en vue duquel ils ont été relevés, les diagrammes fournis par M. le Mesle.

Fig. 4. — Coupe figurative du kheneg de Zaccar.

A. Terrain saharien. Marnes blanchâtres, poudingues en couches horizontales.
B. Énormes masses de grès, le plus souvent blanchâtre, parfois à éléments assez gros, poudinguiformes.
C. Calcaires bleu noirâtre, à surface teintée de rouille, plus ou moins rognoneux ou marneux, assises argileuses intercalées avec quelques bancs grésiformes, lumachelle d'une toute petite huître à différentes hauteurs ; Terebratula prælonga partout. L'Echinospatangus africanus et le Cidaris Maresi se trouvent, ainsi que le Pterocera pelagi, dans les calcaires supérieurs.
D. Point de rupture masqué par les marnes du terrain saharien.

(1) M. Marès attribue à ces grès 200 ou 300 mètres d'épaisseur. Selon M. le Mesle, leur puissance atteindrait près de 1,000 mètres.

Le premier est une coupe figurative du Djebel Zaccar, prise suivant le kheneg depuis le village de Zaccar jusqu'à hauteur du ksar de *Medjebara*. La montagne a sur ce point 3 kilomètres environ de largeur. Les couches, brisées au milieu de la chaîne, y forment deux séries anticlinales, dont l'une est exactement le pendage de l'autre. Les bancs puissants de grès de la partie supérieure sont là exactement placés comme à Bou-Saada, entre les couches à *Terebratula prælonga* et *Ostrea Maresi*, et les assises rhodaniennes à orbitolines. Ces grès, qui redeviennent peu à peu horizontaux vers Medjebara, s'étendent sur la vaste plaine des Ouled-Sidi-Aïssa, et vont former la base du Djebel Bou-Khaïl qu'on aperçoit au loin.

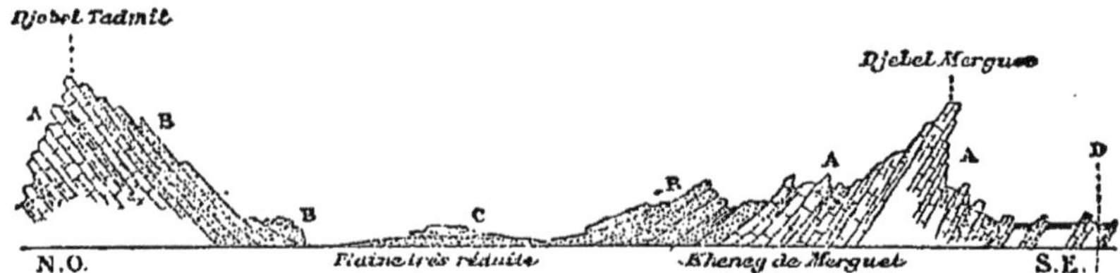

Fig. 5. — Coupe figurative de la chaîne de Tadmit à celle de Merguet, suivant une ligne passant à quelques kilomètres au nord de Sidi-Makhelouf.

A. Terrain néocomien. — Alternances de calcaires gris noirâtre, de marnes et de lumachelles d'une petite huître exogyriforme. — Echinospatangus africanus, Cidaris Maresi, etc.
B. Grès blancs ou rougeâtres avec quelques petites alternances argileuses, relevées de chaque côté de la plaine.
C. Marnes bariolées de l'étage urgo-aptien.
D. Faille probable ramenant une récurrence du néocomien.

Le deuxième diagramme nous donne la coupe du kheneg de Merguet et de la chaîne du Tadmit, suivant une ligne passant à quelques kil. de Sidi-Makhelouf, dans la direction N.-O. S.-E. Ces deux montagnes sont le pendage l'une de l'autre, et les couches relevées de chaque côté dessinent un vaste fond de bateau, au milieu duquel est la plaine de Sidi-Makhelouf, dont les dimensions sur ce diagramme ont dû être considérablement réduites.

Cette localité a fourni les mêmes fossiles que la précédente, en particulier l'*Echinospatangus africanus*, le *Cidaris Maresi*, etc., et de plus une autre espèce nouvelle, l'*Echinobrissus humilis*, qui vient de la partie sud du kheneg de Merguet.

M. le Mesle y a recueilli encore un ptérocère assez gros, que l'on a rapporté, comme les autres, au *Pterocera pelagi*, mais qui me paraît toutefois en différer assez sensiblement par la saillie extrêmement prononcée de sa carène médiane. Les plaquettes de petits gastéropodes se trouvent également dans ce gisement.

Une autre localité intéressante par la disposition et le développement des couches, et par les fossiles remarquables qu'elle a fournis, est le Djebel Lazereg, au nord-ouest de Laghouat. Cette montagne forme une longue chaîne qui s'étend du Djebel Tadmit jusqu'à l'Oued Mzi, ou rivière de Laghouat, suivant une direction N. N. E.-S. S. O. La crête et les parties centrales de cette montagne paraissent appartenir aux couches tout à fait inférieures du système, et ce fait explique la différence entre la faune de cette localité et celle des gisements voisins. Cette montagne est d'ailleurs un peu enfaillée, et il ne nous paraît pas sûr que la succession y soit bien normale. Nous donnons de cette montagne deux profils pris, l'un au lieu dit Aïn-Rakoussa, et l'autre au Zmeila ; nous prolongeons cette dernière des deux côtés, de manière à y comprendre deux localités qui ont également fourni à M. le Mesle et à M. Durand, chef du bureau arabe de Laghouat, des oursins intéressants. Ces localités sont el Haouadjib, à l'ouest, et le Djebel Debdebba, à l'est, entre le Lazereg et le Milok.

Fig. 6. — Coupe du Djebel Lazereg prise à la fontaine de Rakoussa.

A. Néocomien à alternances de marnes et de calcaires à lumachelles.
B. Grès intercalés dans le terrain néocomien.
C. Terrain saharien.

Les fossiles recueillis par MM. le Mesle et Durand au Djebel Lazereg, dans les couches inférieures du système néocomien, sont les suivants : 1° le test en bon état du *Pseudocidaris clunifera*, dont nous avons déjà mentionné les radioles à Anouel, et qui se trouve ainsi se rapprocher sur ce point de la position où nous l'avons signalé ; 2° une espèce nouvelle d'*Hemicidaris*, qui devient l'*Hemicidaris Meslei*, Gauthier ; 2° une huître costulée inconnue ; une grosse rhynchonelle, voisine du *R. concinna* de la grande oolithe ; une térébratule, qui me paraît identique avec le *T. sella;* des *Mytilus, Lima,* etc.

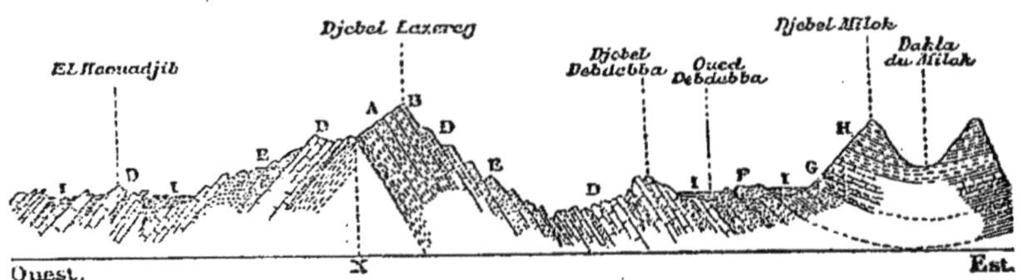

Fig. 7. — Coupe figurative du terrain entre le djebel M'daouer et le Djebel Milok.

A. Dolomies inférieures avec quelques traces de fossiles.
B. Calcaires bleus à nérinées (Jura sup').
D. Étage néocomien. — Alternances de calcaires de toutes natures, de toutes nuances, marnes, argiles, grès.
E. Grès puissants intercalés dans le néocomien et n'en dérangeant ni l'allure ni la faune.
F. Grès de l'étage rhodanien à galets de quartzite.
G. Succession de marnes, argiles, gypses, dolomies, etc. (étage cénomanien).
H. Dolomies du crétacé supérieur (étage turonien).
I. Terrain saharien.

Le Djebel Debdebba et la localité d'el Haouadjib appartiennent, comme il appert de la coupe qui nous a été envoyée, à des assises supérieures à celles du Lazereg. Leurs faunes, à peu près identiques, diffèrent complétement de celle de cette montagne, et rappellent très bien au contraire celles des khenegs de Zaccar et de Merguet, qui paraissent représenter également le haut de la coupe du néocomien du sud. Les espèces que M. le Mesle a recueillies au Debdebba sont : le *Cidaris Maresi*, déjà mentionné dans les localités précitées : l'*Echinobrissus Durandi*, Gauthier, le *Bothriopygus Meslei*, le *Bothriopygus Trapeti*, espèces nouvelles et spéciales à ce gisement; puis avec ces oursins, le *Terebratula prælonga, Ostrea Eos, Pterocera pelagi* (?), la lumachelle de petites turritelles, etc.

Les environs d'el Haouadjib ont donné également tous ces derniers fossiles, et en outre un oursin nouveau, curieux, propre jusqu'ici à cette localité, l'*Acrosalenia miranda,* Gauthier.

Indépendamment de ces quelques localités importantes que nous venons de décrire, il existe encore dans l'ouest de Laghouat de nombreux affleurements des couches néocomiennes. Nous citerons notamment les environs d'Aïn-Madhi, la Gada d'Enfous, le ksar d'el Ghika, où M. Durand a recueilli la *Terebratula prælonga*, et un *Echinobrissus* (?) semblable à ceux du Debdebba, et auprès duquel il signale des affleurements de lignites; puis au confluent de l'Oued Mzi et de l'Oued Chergui, où des calcaires noirâtres lignitifères se montrent au-dessus des lumachelles de petits gastéropodes; au Djebel Merkeb, où l'on voit à la partie inférieure des couches à polypiers qui ne paraissent pas se montrer dans les autres gisements, et qui appartiennent sans doute au jurassique supérieur.

Les couches néocomiennes supérieures supportent encore, dans la province d'Oran, le bordj d'Aflou, au milieu du Djebel Amour. M. le Mesle a recueilli autour de ce poste avancé les *Ostrea Eos, O. Maresi* et la *Terebratula prælonga*, si abondante dans tous ces gisements.

Ce géologue les signale, mais avec doute, au-dessus du Djebel M'daouer et au kheneg de Seklafa, entre le Lazereg et Aflou; puis, plus au nord, à Sidi-Bouzid et jusqu'à Zemira.

Enfin, d'après les renseignements qui nous ont été donnés par M. Durand, les couches néocomiennes se montreraient à la Gada d'Enfous, près d'El-Gicka, dans le nord-ouest d'Aïn-Madhi. C'est sur le versant nord du Djebel Merkeb que ces couches affleurent. Elles sont superposées à des grès et à des calcaires compactes renfermant la *Ceromya excentrica*, des nérinées et de nombreux polypiers. Ces dernières, qui appartiennent sans aucun doute au Jura supérieur, forment la partie haute de la montagne. Les calcaires néocomiens à *Echinobrissus*, avec des lumachelles et calcaires à *Terebratula prælonga* forment une petite hauteur secondaire près d'El-Gicka.

Il nous reste, pour avoir mentionné tous les gisements néocomiens qui ont fourni des matériaux à notre étude échinologique, à dire quelques mots de deux localités où Ville et Nicaise ont recueilli quelques oursins.

Ces Échinides, qui appartiennent à la collection du service des mines de l'Algérie, nous ont été obligeamment communiqués par Ville. Ils figurent dans cette collection sous les noms de *Collyrites ovulum, Echinospatangus cordiformis, Holectypus macropy-*

gus, et ont été recueillis tous ensemble à Hadjar-Roum, dans la province d'Oran, et le deuxième également à Aouïna-el-Hamiz, dans celle d'Alger.

A la vérité, ces oursins sont dans un état si mauvais de conservation, qu'il nous a paru impossible d'affirmer leur identité; mais le seul fait de la probabilité de ces déterminations rendrait intéressante l'étude de leurs gisements, et il nous paraît utile de les indiquer ici.

Le gisement néocomien que Ville a observé dans la province d'Oran se trouve à l'est de Tlemcen, où il constitue une large bande parallèle au bord de la mer et comprise entre les hauts plateaux au sud et la vaste plaine de Sidi-bel-Abbès et de l'Isser au nord. Il se compose essentiellement de couches de calcaires gris, compactes, très durs, dans lesquelles sont intercalées des assises puissantes de dolomies et de quarzites, et quelques bancs de marnes schisteuses (1).

Ville, indépendamment des oursins cités ci-dessus, mentionne encore d'autres fossiles caractéristiques, comme *Belemnites latus*, *Natica prœlonga*, *Ostrea Couloni*, *O. macroptera*, etc. Il paraît donc assez probable, en raison de tous ces caractères, que les gisements des environs de Tlemcen sont semblables à ceux du Djebel Bou-Thaleb.

L'*Echinospatangus cordiformis*, ou du moins l'oursin ainsi déterminé, a été également recueilli, comme nous l'avons dit, à Aouïna-el-Hamiz, à l'extrémité est de la chaîde de *M'kraoula*. Cette localité, qui se trouve à environ 60 kilomètres au nord-ouest de Bou-Saada, rentre dans le cercle des terrains néocomiens du sud que nous avons parcouru. Elle se trouve de l'autre côté de la plaine des Ouled Sidi-Brahim, en face des terrains aptiens et néocomiens supérieurs de *Teniet-Nama* et d'*Aïn-Kermam*, dont elle paraît former le pendage. La chaîne de montagnes à laquelle appartient ce gisement s'étend sur un long espace au nord des lacs Zahrez. Il nous a été donné de l'explorer sur plusieurs points de son développement, notamment vers Taguin, à son extrémité occidentale, au Seba-Rous, au centre, et au Djebel M'kraoula, à

____

(1) *Notice minéralogique sur la province d'Oran et d'Alger*, p. 3.

l'est, et nous avons pu reconnaître qu'à partir du caravansérail
de Guelt-es-Settel, toute la partie orientale appartient au terrain
crétacé inférieur. Auprès d'Aïn-Hammam et non loin d'Aouïna-
el-Hamiz, nous avons reconnu les calcaires rhodaniens à orbitolines et les calcaires à caprotines, dont nous avons pu
recueillir quelques exemplaires. Les couches de grès rougeâtres, de marnes violacées et de calcaires foncés qui se trouvent
au-dessous rappellent complétement celles du néocomien d'Aïn-
Kermam et de Bou-Saada. Nous croyons donc qu'on peut en
conséquence rapporter l'*Echinospatangus* d'Aouïna-el-Hamiz à
l'horizon de ceux du Zaccar et d'el Asfor.

Après avoir ainsi parcouru les terrains néocomiens connus de
l'Algérie, il convient, pour terminer cette notice, de résumer nos
observations en ce qui concerne la place à leur assigner dans la
série, et par conséquent en ce qui concerne l'âge relatif de nos
oursins.

Tout d'abord nous rappelons que d'après les renseignements
que nous possédons, les affleurements de la région nord du Tell,
aux environs de Constantine et au nord-est de Sétif, doivent être
considérés comme représentant le néocomien provençal de M.
Lory à facies vaseux pélagique. A notre connaissance, les calcaires à céphalopodes déroulés n'ont pas été reconnus et les
marnes inférieures seules existeraient.

Les gisements de la deuxième zone montagneuse, beaucoup
mieux connus de nous, ne nous paraissent offrir aucune diffi-
culté. L'identité de leur constitution avec celles de certaines localités classiques de l'Isère et de la Drôme rend facile leur classification. Nous avons vu qu'on rencontrait au Bou-Thaleb, au-dessus
des calcaires à ciment, d'abord des marnes à bélemnites plates,
puis des calcaires fossilifères représentant au-dessus le néocomien
jurassien à facies littoral, d'un synchronisme non douteux avec
les calcaires de Neufchâtel, avec les marnes d'Hauterive et avec
le néocomien proprement dit du bassin de Paris.

Nous avons donné plus haut la liste des oursins qui proviennent
de ces gisements, et nous rappellerons seulement que leur âge
peut être considéré comme bien établi, et le même que celui de
l'*Echinospatangus cordiformis*.

Si maintenant nous envisageons le terrain néocomien du sud de l'Algérie, la question se complique davantage et la parallélisation devient difficile. Ses affleurements, nombreux et répandus sur un vaste espace, affectent un facies tout spécial et contiennent des fossiles qui leur appartiennent exclusivement. C'est à peine si dans le grand nombre de ces fossiles qui y ont été recueillis, quelques assimilations incertaines ont pu être faites, les unes avec des espèces connues de l'étage valenginien ou de l'étage néocomien, les autres avec des espèces urgoniennes ou aptiennes.

Nos devanciers ont cité déjà dans ce groupe de couches les espèces suivantes : *Nerinea gigantea, Natica lœvigata, Pterocera pelagi, Trigonia Hondaana, Mytilus Cuvieri, Ostrea Leymerici.* Mais dans cette liste, nous l'avons dit, il y a plusieurs assimilations qui nous paraissent bien douteuses et hasardées. L'ensemble, en outre, forme une réunion tout à fait hétérogène, et qui ne peut réellement servir à caractériser aucun horizon. Nos recherches et celles de M. le Mesle ont ajouté quelques espèces connues à cette petite faune, mais nous ne pouvons en vérité prétendre qu'elles aient bien nettement éclairé la question. Celles que nous pouvons mentionner, en effet, comme les *Terebratula prœlonga* (*T. acuta,* Quenstedt), *T. sella, Trigonia longa, Pseudocidaris clunifera, Natica Pidanceli,* appartiennent en même temps à plusieurs subdivisions de la série crétacée inférieure, ou bien sont, comme les précédentes, d'une détermination peu certaine. Toutes les nombreuses autres espèces que nous possédons sont complétement nouvelles, ou au moins spéciales à ces terrains néocomiens du sud, comme les *Ostrea Maresi, O. Eos, O. Cerberus, O. mauritanica, O. Tisiphone, Cidaris Maresi, Nerinea Pauli,* etc. Elles ne peuvent donc nous être d'aucun secours, quant à l'âge à assigner aux couches qui les renferment.

De l'examen de toute cette faune il résulte tout d'abord ce fait, c'est que sa dissemblance avec celle du néocomien du Bou-Thaleb est sinon absolue, au moins très considérable, et qu'il paraît, pour cette raison, bien difficile de mettre ces gisements exactement sur le même horizon. On ne peut invoquer ici, pour justifier ces différences, ni l'éloignement, ni le changement de facies. Nous avons vu en effet que les deux régions sont reliées par des

intermédiaires ; et d'ailleurs la distance entre elles est beaucoup
moins grande qu'entre le midi de la France et le Bou-Thaleb, qui
présentent cependant tant d'analogie. Quant au facies, on peut
le considérer comme étant exactement le même, car des deux
côtés ce sont des dépôts sublittoraux, et une faune composée de
la même manière et renfermant les mêmes genres.

Remarquons en outre que la position stratigraphique des couches du sud n'est plus du tout semblable à celle qu'occupe le
néocomien du nord ; et que, d'autre part, leurs caractères pétro-
graphiques, loin de concorder avec ceux de ce terrain, sont beaucoup plus en rapport avec les couches qui lui sont immédiatement
supérieures. Si, en effet, nous comparons à ce dernier point de
vue les séries de couches de Bou-Saada, d'el Asfor et du Lazereg
avec celles qui, au Bou-Thaleb, succèdent aux marnes à belemnites,
nous trouvons une grande analogie. La base de ce groupe est formée par des grès et des dolomies auxquels succèdent des marnes
multicolores, des grès en petits bancs et des calcaires noirâtres
comme dans le sud.

Pour ces diverses raisons nous pensons que les couches du
sud représentent plus particulièrement le néocomien moyen et
supérieur du bassin parisien, c'est-à-dire le calcaire à spatangues
et peut-être les argiles à ostracées.

M. Brossard a placé les couches qui nous occupent dans les
étages barrémien et urgonien. Nous ne croyons pas cette classification bien exacte. L'étage barrémien d'abord, que Coquand
avait créé, a été reconnu par lui-même comme n'ayant pas de
raison d'être. Quant à l'étage urgonien, il n'est, à notre avis
qu'un facies de l'étage aptien inférieur, ou rhodanien de M. Re-
nevier. Il occupe, à la vérité, assez habituellement la partie
inférieure de cet étage, mais souvent aussi il se confond et alterne
même avec lui. Ces faits, bien établis par des observateurs
comme MM. Hébert, Lory, etc., justifient à nos yeux la création
d'un étage urgo-aptien pour l'ensemble de ces couches.

Or, en Algérie, l'étage urgo-aptien existe très riche et très développé bien au-dessus des couches dont nous avons parlé dans ce
travail. Son identité avec celui de la perte du Rhône, de la Clape,
de Fondouille, etc., est établie d'une façon péremptoire par un

grand nombre de fossiles d'une détermination facile, et en même temps son affinité avec le sous-étage urgonien de d'Orbigny est affirmée par la présence de couches remplies de *Requienia Lonsdalei* et autres espèces caractérisant ce facies.

Il est donc, à notre avis, peu logique d'attribuer le nom d'urgonien à un ensemble d'assises très inférieur à celui où l'on trouve la *Requienia Lonsdalei*, et qui n'a d'ailleurs avec les couches d'Orgon aucun rapport paléontologique bien établi (1).

DESCRIPTION DES ESPÈCES.

COLLYRITES OVULUM, d'Orbigny, 1853.

DISASTER OVULUM, Ville, *Notice minéral. sur les prov. d'Alger et d'Oran*, 1858, p. 4.

COLLYRITES OVULUM, Coquand, *Mém. de la Soc. d'Emul. de la Provence*, t. II, p. 282, 1862.

— — Cotteau, Peron et Gauthier, *Annales des Sc. géol.*, *loc. cit.*, p. 67, 1875.

Nous ne connaissons que deux exemplaires qu'on puisse rapporter au *Collyrites ovulum*. L'un, très mal conservé, fait partie de la collection du service des mines, à Alger. Cet individu est d'assez grande taille, et ne nous paraît pas différer du type vrai de l'espèce. Le dessous seul est bien visible; la partie postérieure est rétrécie, subacuminée; le péristome est situé au quart antérieur dans une dépression. La face supérieure est aplatie par accident et presque complétement empâtée. L'autre exemplaire a été recueilli par M. Heinz, près de Constantine. Il n'est guère en meilleur état que le premier; on peut cependant reconnaître les principaux caractères de l'espèce, et particulièrement la position inframarginale du périprocte à l'extrémité du rostre postérieur.

LOCALITÉ. — Hadjar-Roum, département d'Oran. — Djebel Ouach, au nord de Constantine. Étage néocomien.

Collection Gauthier; service des mines à Alger.

(1) La classification qu'a adoptée M. Brossard l'a obligé à séparer, pour les placer dans deux étages différents, des fossiles intimement réunis à Orgon, comme les *Requienia Ammonia* et *Requienia Lonsdalei*.

COLLYRITES ARDUA, Peron et Gauthier, 1884.

Pl. VII, fig. 13-15.

Longueur, 13 mill. — Largeur, 11 mill. — Hauteur, 9 mill.

Espèce de petite taille, très élevée et acuminée à la partie supérieure, au point que la face antérieure se dresse presque verticalement vers le point culminant. De là le test descend en pente rapide vers la partie postérieure, qui est très étroite et subrostrée. Dessous légèrement convexe.

Appareil apical disjoint; la partie antérieure est très excentrique en avant, allongée; malheureusement l'état de nos exemplaires, tous imprégnés de rouille, ne nous permet pas d'en discerner nettement les détails. Ambulacre impair logé dans un sillon évasé et peu profond, entamant sensiblement le bord.

Ambulacres pairs antérieurs portant des pores extrêmement petits, placés par paires obliques dans de petites fossettes.

La seconde partie de l'appareil est rejetée en arrière, à peu près à égale distance du sommet antérieur et du périprocte.

Les ambulacres sont encore moins visibles qu'en avant.

Les plaques ambulacraires et interambulacraires de la partie antérieure sont ornées de protubérances plus marquées sur certains exemplaires que sur d'autres ; de semblables protubérances bordent également le sillon antérieur.

Péristome assez éloigné du bord, subarrondi, placé dans une légère dépression de la face inférieure.

Périprocte rond, inframarginal, placé à l'extrémité du rostre postérieur.

Tubercules petits, épars, assez distants, répandus sur toute la surface.

Rapports et différences. — Le *Collyrites ardua* rappelle, dans plus d'un de ses détails, et particulièrement dans la conformation de la partie postérieure et la position du périprocte, le *Coll. ovulum*. Il s'en distingue, et de toutes les espèces analogues, par sa forme beaucoup plus élevée, plus abrupte en avant, plus étroite dans l'ensemble, et par les protubérances de la partie antérieure. Nous en avons sous les yeux sept exemplaires, qui tous reproduisent exactement les mêmes caractères. Tous sont à l'état de fer hydroxydé, ce qui ne nous a pas permis de distinguer tous les détails, par suite de l'empâtement du test.

LOCALITÉ. — Djebel Ouach, au nord de Constantine. Étage néocomien. Tous les exemplaires ont été recueillis par M. Heinz. Collections Heinz, Gauthier, Papier.

EXPLICATION DES FIGURES. — Pl. VII. fig. 13, *Collyrites ardua*, vu de profil; fig. 14, face supérieure; fig. 15, grossissement de l'ensemble.

METAPORHINUS HEINZI, Coquand, 1880.

Pl. IX, fig. 1-7.

METAPORHINUS HEINZI, Coquand, *Bull. de l'Acad. d'Hippone*, p. 224, 1880.

Longueur, 17 mill. — Largeur, 16 mill. — Hauteur, 12 mill.
— 21 — — 20 — — 15 —

Espèce de taille moyenne pour le genre, subcordiforme, relevée subitement en avant, où se trouve le point culminant, et de là, s'inclinant doucement, en forme de toit, vers la partie postérieure, qui, elle-même, est haute et tronquée verticalement. Pourtour arrondi, dessous convexe.

Appareil apical disjoint. La partie antérieure est très excentrique en avant : aucun de nos exemplaires n'est assez bien conservé pour que nous puissions en donner une description détaillée.

Ambulacre impair logé dans un sillon assez profond, presque vertical, qui se dessine dès le sommet, et partage en deux la face abrupte de la partie antérieure. Il est encore plus creusé au pourtour. Les pores sont peu développés, arrondis, resserrés entre deux petits granules, et logés dans une étroite fossette.

Ambulacres pairs antérieurs flexueux près du sommet, superficiels, assez étroits. Ils sont composés de paires de pores rapprochées, situées à l'angle externe des plaques qui les portent. Les pores sont logés dans des fossettes, obliques entre eux et formant un faible chevron; ils paraissent un peu plus grands que ceux de l'ambulacre impair.

Aires ambulacraires postérieures rejetées vers le périprocte, au-dessus duquel elles convergent en formant une courbe. Les pores sont extrêmement petits, et sont placés également à l'angle externe des plaques.

Péristome rapproché du bord antérieur, arrondi, médiocrement ouvert, et placé dans une dépression du test.

Périprocte arrondi, placé au sommet de la face supérieure. Un sillon assez marqué s'étend au-dessous et partage le bord postérieur en deux protubérances.

Tubercules peu développés, réguliers, uniformes, sauf à la face inférieure où ils sont un peu plus gros. Ils sont assez distants, et l'intervalle est rempli par une granulation fine et homogène.

Remarque. — Le *Metaporhinus Heinzi* a été décrit, mais non figuré, par Coquand, en 1880. L'exemplaire dont il s'est servi pour la description n'est pas entre nos mains; il était plus grand que les nôtres, et le sillon antérieur très prononcé. Coquand dit que les pores de l'ambulacre impair sont allongés et disposés par paires serrées; c'est sans doute une erreur, car c'est tout le contraire qui a lieu sur nos exemplaires. Ils proviennent de la même localité, et ont été également recueillis par M. Heinz.

Rapports et différences. — Le *Metaporhinus Heinzi* est très voisin des *Metapor. convexus* et *berriasensis*, ce qui n'a rien d'étonnant dans un genre où la forme est l'un des caractères principaux. Les protubérances de la partie postérieure ne se rejoignent pas en atteignant le bord, et donnent à celui-ci l'aspect bilobé qui sépare le *Met. convexus* du *Met. berriasensis*. Le principal caractère distinctif du *Met. Heinzi* est la profondeur du sillon antérieur, bien plus prononcée que dans les deux espèces auxquelles nous le comparons.

Tous les exemplaires sont empâtés d'oxyde de fer.

Localité. — Djebel Ouach, au nord de Constantine. — Étage néocomien.

Collections Heinz, Gauthier, Coquand?

Explication des figures. — Pl. IX, fig. 1, *Metaporhinus Heinzi*, vu de profil, de la collection de M. Gauthier; fig. 2, face supérieure; fig. 3, face inf.; fig. 4, autre exemplaire plus jeune, de la collection de M. Heinz, profil; fig. 5, face sup.; fig. 6, face inf.; fig. 7, autre exemplaire, partie antérieure.

ECHINOSPATANGUS CORDIFORMIS, Breynius, 1732.

TOXASTER COMPLANATUS, Ville, *Notice minéral. sur les prov. d'Oran et
d'Alger*, p. 4, 1858.
ECHINOSPATANGUS CORDIFORMIS, Coquand, *Mém. de la Soc. d'Emul. de la
Provence*, t. II, p. 283, 1862.
—   —   Nicaise, *Catal. des anim. foss. de la prov.
d'Alger*, p. 43, 1870.
—   —   Cotteau, Peron et Gauthier, *loc cit.*, p. 67,
1875.

Nous avons eu entre les mains les deux exemplaires que Ville
a rapportés à cette espèce. L'un d'eux provient d'Aouïna-el-Hamiz.
Cet exemplaire est de taille moyenne, de conservation médiocre,
et ne reproduit qu'imparfaitement les types connus de France et
de Suisse. Le sillon ambulacraire est peu creusé, ce qui pourrait
aussi engager à réunir cet individu à l'*Ech. granosus*, d'Orbigny.
L'appareil apical, plus allongé dans cette dernière espèce, n'est
pas visible dans l'exemplaire dont nous parlons, et n'a pu nous
guider. L'autre exemplaire, plus petit, moins bien conservé
encore, mais à sillon antérieur plus creusé, provient de Hadjar-
Roum. Nous ne saurions rien affirmer non plus au sujet de la
détermination spécifique.

En dehors de ces deux exemplaires douteux, nous n'avons pu
constater nulle part la présence de l'*Ech. cordiformis* en Algérie.
Coquand a signalé cette espèce (*Toxaster complanatus*) à Aïn
Zaïrin, près de Constantine, dans un premier mémoire sur la
province (1). Il en a affirmé de nouveau l'existence dans le second
mémoire que nous avons cité à la synonymie; mais sa riche
collection ne renferme aucun exemplaire qui nous permette de
vérifier l'exactitude de la détermination spécifique. M. Pomel
mentionne aussi l'*Ech. cordiformis* dans le néocomien d'Algérie,
mais sans indication de localité (2). Nous croyons donc devoir
nous tenir sur la réserve en inscrivant cette espèce parmi les
échinides algériens; et c'est un fait à noter que l'extrême rareté

(1) *Mém. de la Soc. géol.*, 2° série, t. V, p. 88.
(2) *Le Sahara*, p. 32.

de cet *Echinospatangus* en Algérie, si toutefois il y existe réellement. Cette espèce, si abondante en France et en Suisse, ne
ne semble pas s'être développée de l'autre côté de la Méditerranée.
Cette particularité est d'autant plus remarquable que, même en
Provence, où l'aspect rocailleux du néocomien se rapproche bien
plus de celui de l'Algérie que de celui de la France centrale,
l'*Ech. cordiformis* se rencontre encore en profusion, et domine de
beaucoup tous les restes paléontologiques.

LOCALITÉ. — Aouïna-el-Hamiz, à l'extrémité de la chaîne de
M'Kraoula, dans le Zahrez-Chergui, département d'Alger ;
Hadjar-Roum, dép. d'Oran ; Aïn-Zaïrin ? dép. de Constantine.
Étage néocomien.

Collection du service des mines à Alger.

ECHINOSPATANGUS SUBCAVATUS, Gauthier, 1875.

Pl. IV, fig. 11-13.

ECHINOSPATANGUS SUBCAVATUS, Gauthier, *loc. cit.*, *Echin. foss. de l'Algérie*,
p. 69, fig. 54-58, 1875.

—   —   Coquand, *Bull. de l'Acad. d'Hippone*, p. 225.

Longueur, 27 mill. — Largeur, 25 mill. — Hauteur, 15 mill.

Espèce cordiforme, de taille moyenne. Face supérieure arrondie, mais déprimée, offrant une courbe assez régulière, dont le
point le plus élevé est au centre. Dessous à peu près plat, creusé
aux approches du péristome, un peu renflé dans l'aire de l'interambulacre impair. Face postérieure coupée carrément : le périprocte est au sommet d'une aréa bien marquée.

Appareil apical subcentral, un peu en avant, composé de
quatre plaques génitales assez larges et peu allongées, en contact
entre elles. La plaque madréporiforme est saillante et granuleuse.
Les cinq plaques ocellaires sont intercalées dans les angles des
plaques génitales, et se prolongent jusqu'à la plaque madréporiforme.

Ambulacre impair logé dans un sillon à peine marqué, plus
étroit que les ambulacres pairs. Les pores sont presque égaux
entre eux, toutefois ceux des rangées extérieures sont un peu
plus longs.

Ambulacres pairs non flexueux, logés dans une dépression légère, assez larges, les postérieurs presque aussi longs que les antérieurs. Les pores sont presque égaux, plus allongés cependant dans les rangées externes.

Péristome pentagonal, à quelque distance du bord.

Granulation fine, éparse, plus grossière à la face inférieure.

Rapports et différences. — L'*Echinospatangus subcavatus* est voisin de forme de l'*Ech. granosus*, d'Orbigny. Il en diffère par l'absence de gros granules dans le sillon antérieur, par ses ambulacres postérieurs plus longs, par son sillon ambulacraire échancrant moins l'ambitus, par son sommet moins en arrière, par la courbe supérieure moins déclive en avant, par son aire anale plus carrément tronquée, par ses ambulacres légèrement creusés, par son appareil apical plus large et moins long. Il s'éloigne de l'*Echin. Collegnoi*, d'Orbigny, par ses ambulacres plus longs, moins creusés, par les pores tout différents de l'ambulacre impair; de l'*Echin. Ricordeanus*, Cotteau, par sa forme beaucoup moins élevée et son aspect fort différent; de l'*Echin. cordiformis* par ses ambulacres non flexueux, par son sommet plus en avant, par son sillon moins creusé, par sa face supérieure moins déclive.

LOCALITÉ. — Anouel, Teniet-Courass (Djebel-bou-Thaleb, au sud de Sétif, Djebel Afghan). Étage néocomien moyen.

Collection Peron.

EXPLICATION DES FIGURES. — Pl. IV, fig. 11, *Echinospatangus subcavatus*, vu de profil, de la collection de M. Peron; fig. 12, face sup.; fig. 13, face inf.; fig. 14, région anale; fig. 15, appareil apical grossi.

ECHINOSPATANGUS AFRICANUS, Coquand (manuscrit), 1875.

Pl. V, fig. 1-4.

ECHINOSPATANGUS AFRICANUS, Cotteau, Peron et Gauthier, *loc. cit.. Echin. foss. de l'Algérie*, p. 70, fig. 59-62, 1875.

—   —   Coquand, *Bull. de l'Acad. d'Hippone*, p. 225.

Longueur, 38 mill. — Largeur, 35. — Hauteur, 22 mill.

Espèce d'assez grande taille, cordiforme, élargie en avant,

peu rétrécie en arrière ; courbe supérieure assez régulière ; dessous plat, légèrement renflé dans l'aire interambulacraire postérieure.

Sommet ambulacraire central. Appareil apical assez long, composé de quatre plaques génitales et de cinq plaques ocellaires. La plaque madréporiforme est en contact avec les trois autres plaques génitales ; mais la plaque antérieure gauche ne touche pas la plaque postérieure du même côté ; elles sont fortement désunies par la plaque ocellaire, moins cependant que dans les *Holaster*. Cette disposition, très accusée dans notre espèce, est d'ailleurs commune à plusieurs *Echinospatangus*. La théorie qui met toutes les plaques en contact ne convient pas à toutes les espèces du genre.

Ambulacre antérieur logé dans un sillon peu profond, s'évasant à mesure qu'il s'approche de l'ambitus qu'il échancre à peine. Les pores sont inégaux, en chevrons, les plus petits à l'intérieur.

Ambulacres pairs flexueux, longs, surtout les antérieurs, superficiels, composés de pores inégaux, les extérieurs allongés, les externes très petits, presque semblables à ceux de l'ambulacre impair.

Périprocte de taille médiocre, situé au sommet d'une aire à peine marquée, la face postérieure étant plutôt arrondie que coupée carrément.

Péristome pentagonal, assez grand, placé à peu près au tiers antérieur du diamètre longitudinal, au milieu d'une légère dépression du test. Les sillons ambulacraires qui partent de la bouche sont très accentués sur toute la face inférieure.

Tubercules petits, épars sur toute la surface du test, plus gros en dessous. Granulation miliaire homogène, fine et serrée.

Rapports et différences. — L'*Echinospatangus africanus* est très voisin de l'*Ech. granosus*, dont il a l'aspect général et le sillon antérieur peu creusé ; la disposition des plaques apicales est aussi la même, mais un peu plus allongée dans les exemplaires d'Algérie. L'*Ech. africanus* se distingue de l'espèce valengienne par une forme un peu moins gibbeuse, par la partie postérieure du test plus élargie, par les ambulacres postérieurs plus longs, par le dessous plus plat, et surtout par les sillons ambulacraires fortement accusés à la face inférieure. Il est également voisin de forme de notre *Ech. subcavatus,* mais il s'en éloigne par ses ambulacres non creusés et flexueux à la face supérieure, et par la disposition des plaques de l'appareil apical. Il rappelle encore l'*Ech. subcylindricus,* d'Orbigny, mais il est plus large et moins haut.

LOCALITÉ. — Djebel Merguet, Kheneg de Zaccar, entre Djelfa et Laghouat, département d'Alger; El-Asfor, dans le Djebel Zerga, près de Sétif; ravin des Ruines, près de de Batna, dép. de Constantine. — Recueilli dans des couches qui nous paraissent appartenir au néocomien supérieur, ou peut-être à l'urgonien inférieur. — Assez rare.

Collections Coquand, Durand, Gauthier, Peron, Papier.

EXPLICATION DES FIGURES. — Pl. V, fig. 1, *Echinospatangus africanus,* vu de profil; fig. 2, face sup.; fig. 3, face inf.; fig. 4, appareil apical grossi.

ECHINOSPATANGUS VILLEI, Gauthier, 1875.

ECHINOSPATANGUS VILLEI, Gauthier, *loc. cit.*, *Echin. foss. de l'Algérie,* p. 71, 1875.
   —   —   Coquand, *Bull. de l'Acad. d'Hippone,* p. 226, 1880.
Longueur, 34 mill. — Largeur, 33 mill. — Hauteur, 22 mill.

Espèce cordiforme, renflée, épaisse, arrondie au pourtour, rétrécie en arrière. Face supérieure convexe, formant une courbe assez régulière; face inférieure renflée, sauf une dépression autour du péristome.

Appareil apical carré, composé de quatre plaques génitales en contact, dont la plaque antérieure de droite porte le corps madréporiforme. Celui-ci occupe le centre et n'est que peu développé. Les cinq plaques ocellaires sont intercalées dans les angles des plaques génitales.

Ambulacres pairs très larges, logés dans une légère dépression du test. Les antérieurs sont flexueux, très ouverts à l'extrémité; les deux zones de pores sont inégales, la zone postérieure étant plus large que l'antérieure. L'espace qui les sépare est aussi large que cette zone postérieure elle-même. Ambulacres postérieurs subpétaloïdes, formés de deux zones porifères égales, larges, et laissant entre elles un médiocre intervalle.

Périprocte situé au sommet de l'aire anale.

Péristome placé dans une dépression du test; nous n'avons pu en constater la forme exacte.

Rapports et différences. — Au premier aspect, l'*Echinospatangus Villei*, avec ses ambulacres larges et logés dans un léger sillon pourrait être pris pour un *Epiaster*. Nous l'avons rangé parmi les *Echinospatangus* à cause du peu de profondeur des sillons ambulacraires, et surtout à cause de l'inégalité des zones porifères dans les ambulacres antérieurs. Il est vrai que cette inégalité n'existe pas dans les ambulacres postérieurs, qui sont en outre presque fermés à l'extrémité. Les sillons ambulacraires sont moins profonds que dans l'*Ech. Collegnoi*; ils sont surtout plus larges, et l'ensemble du test plus épais et plus arrondi.

LOCALITÉ. — Le seul exemplaire connu a été recueilli par Ville aux environs de Teniet-el-Haad, département d'Alger, avec *Ostrea macroptera*. — Étage néocomien, d'après Ville.

Collection du service des mines à Alger. Cet exemplaire n'est plus entre nos mains, et nous regrettons de ne pouvoir pas le faire figurer.

PYGURUS EURYPNEUSTES, Gauthier, 1875.

Pl. IV, fig. 8-10.

PYGURUS EURYPNEUSTES, Gauthier, *loc. cit.*, *Echin. foss. de l'Algérie*, p. 73, fig. 51-53, 1875.
—   —   Coquand, *Bull. de l'Acad. d'Hippone*, p. 292, 1880.

Nous ne possédons de cette espèce qu'un fragment imparfait, mais d'après lequel nous pouvons préciser les caractères suivants : forme ovale, courbe supérieure peu élevée, assez régulière; bord arrondi, tronqué à la partie antérieure, sans échancrure; sommet à peu près central.

Ambulacres très longs et très larges, composés de pores très inégaux, les internes petits et ovales, les externes formant une incision étroite et allongée, qui se prolonge jusqu'au pore interne et qui excède trois millimètres en longueur. L'aire qui sépare les zones porifères est également fort large et couverte de granules en séries régulières et nombreuses. D'autres granules, en ligne serrée, séparent aussi horizontalement chaque paire de pores.

La granulation des interambulacres est régulière et fine, assez analogue à celle du *Pyg. Montmolini*. Autour de l'ambulacre impair les granules sont beaucoup plus espacés, de grande taille, surtout en approchant du bord.

Rapports et différences. — Le *Pygurus eurypneustes* nous paraît se distinguer de tous les *Pygurus* connus. Il diffère du *Pyg. Buchi*, Desor, par ses ambulacres plus longs, par sa forme beaucoup moins relevée, par sa partie antérieure non excavée. Ce dernier caractère le rapproche du *Pyg. productus*, ainsi que la position centrale du sommet, mais les ambulacres sont bien différents. La granulation est celle du *P. Montmolini* : la partie antérieure non creusée, la largeur des ambulacres et la position médiane du sommet ne permettent pas de rapprocher ces deux espèces. On ne saurait non plus réunir notre espèce au *P. impar* que nous décrirons plus bas et qu'on trouve dans les mêmes couches : il est plus ovale, moins élargi en avant, et, de plus, la position du sommet et la forme des ambulacres l'en séparent complétement.

LOCALITÉ. — Djebel Seba-Liamoun, revers méridional, au sud de Bou-Saada, département de Constantine. Etage néocomien supérieur, peut-être urgonien inférieur.

Collection Peron.

EXPLICATION DES FIGURES. — Pl. IV, fig. 8, *Pygurus eurypneustes,* face supérieure (fragment); fig. 9, pores ambulacraires grossis; fig. 10, plaque interambulacraire grossie.

PYGURUS IMPAR, Gauthier, 1875.

Pl. V, fig. 10-11.

PYGURUS IMPAR, Cotteau, Peron et Gauthier, *loc. cit., Echin. foss. de l'Algérie,* p. 74, fig. 68,69, 1875.

— — Coquand, *Bull. de l'Acad. d'Hippone,* p. 292.

Forme large, subcirculaire, autant que nous pouvons en juger par un exemplaire unique où manque la partie postérieure.

Partie antérieure tronquée, mais non échancrée. Face supérieure en courbe assez régulière.

Sommet apical très excentrique en avant. Les quatre plaques génitales sont assez grandes et largement perforées; la plaque madréporiforme occupe le centre de l'appareil.

Ambulacres larges, longs, acuminés, composés de pores très inégaux, les externes étant les plus longs. L'ambulacre impair se prolonge jusqu'au bord qu'il contourne même. Granulation régulière et très serrée. Les autres détails nous manquent.

A cet exemplaire unique, on pourrait peut-être ajouter un fragment de *Pygurus*, recueilli par M. Peron dans le néocomien d'Anouel, mais sur lequel nous n'osons rien affirmer, parce qu'il est mal conservé. Nous ne le mentionnons ici que pour tenir compte de tous nos matériaux. Il faudra attendre, pour se prononcer sûrement, que des recherches plus heureuses permettent de mieux préciser les caractères.

Rapports et différences. — Le *Pygurus impar* est voisin du *Pyg. Montmolini*, dont il a le sommet excentrique; il en diffère par sa face supérieure moins acuminée, par ses ambulacres plus longs, plus larges, moins effilés, par l'absence d'échancrure en avant.

Localité. — Djebel Seba-Liamoun, revers méridional, au sud de Bou-Saada. — Etage néocomien supérieur, ou peut-être urgonien inférieur.

Collection Peron.

Explication des figures. — Pl. V, fig. 10, *Pygurus impar*, face supérieure; fig. 11, ambulacre grossi.

Pygaulus crassus, Peron et Gauthier, 1884.
Pl. IX, fig. 8-10.

Longueur, 35 mill. — Largeur, 27 mill. — Hauteur, 19 mill.

Forme épaisse, ovale, arrondie et aussi large en avant qu'en arrière, la plus grande largeur se trouvant au milieu; face supérieure renflée, dessous presque plat.

Appareil apical un peu excentrique en avant. Aires ambulacraires longues et assez larges, se rétrécissant à l'extrémité des pétales qui, pourtant, ne sont pas fermés. L'ambulacre impair n'est pas plus étroit que les autres; les postérieurs sont un peu plus longs que les antérieurs.

Zones porifères assez larges; pores internes petits, presque ronds; les externes allongés, acuminés, plus développés qu'ils ne le sont ordinairement dans ce genre. Le milieu de l'aire ambulacraire est plus large qu'une des zones et légèrement renflé.

Péristome excentrique en avant, allongé et oblique.

Périprocte de petite dimension, ovale, inframarginal, invisible d'en haut.

Rapports et différences. — Le *Pygaulus crassus* diffère du *P. numidicus* par sa forme beaucoup plus renflée, plus épaisse, non creusée en dessous, non subrostrée à la partie postérieure, par ses pores ambulacraires plus développés et ses pétales mieux fermés : ce sont deux types bien différents. Il s'éloigne du *P. Desmoulinsi*, Agassiz, par sa physionomie moins allongée, plus large, par ses pores ambulacraires plus grands, par ses pétales moins ouverts, par sa face inférieure plus plate, son péristome plus excentrique en avant, son périprocte plus petit.

LOCALITÉ. — Taouïala, au sud d'Aflou, département d'Oran. Cet exemplaire nous a été donné comme néocomien; mais il pourrait bien appartenir à des couches un peu plus élevées.

Collection Gauthier.

EXPLICATION DES FIGURES. — Pl. IX, fig. 8, *Pygaulus crassus* vu de profil, de la collection de M. Gauthier, fig. 9, face sup.; fig. 10, face inférieure.

BOTHRIOPYRUS MESLEI, Gauthier, 1875.

Pl. V, fig. 5-9.

BOTHRIOPYGUS MESLEI, Cotteau, Peron et Gauthier, *loc. cit., Echin. foss. de l'Algérie*, p. 75, fig. 63-67, 1875.

— — Coquand, *Bull. de l'Acad. d'Hippone*, p. 293. 1880.

Longueur, 43 mill. — Largeur, 31 mill. — Hauteur, 18 mill.

— 25 — — 19 — 10 —

Forme ovale, allongée, étroite relativement, arrondie en avant, subtronquée et à peine plus large en arrière. La partie supérieure présente une courbe à grand rayon, dont le point culminant est au sommet apical. Partie inférieure presque plane, sauf autour du péristome où elle se creuse assez sensiblement.

Appareil apical très peu étendu, composé de plaques très petites, subcentral, légèrement en avant. Ambulacres subpétaloïdes, longs, étroits et effilés, ouvert à l'extrémité. Les pores sont très peu développés, les internes presque ronds, les externes un peu plus allongés et obliques. Espace interzonaire assez large, et couvert, comme le reste du test, d'une granulation très fine, que l'usure de la surface détruit facilement.

Péristome subpentagonal, excentrique en avant, placé dans une dépression de la face inférieure. Il est entouré de floscelles, ou plutôt de rangées de pores qui terminent les avenues ambulacraires aboutissant à la bouche ; ces détails sont un peu effacés sur nos exemplaires.

Périprocte ovale, situé au milieu de la partie postérieure, également invisible d'en haut et d'en bas.

Rapports et différences. — Le *Bothriopygus Meslei* diffère du *Bothr. obovatus*, d'Orbigny, par une forme plus étroite et plus allongée, par ses ambulacres moins larges, par la position du périprocte qui occupe plus entièrement la face postérieure, à égale distance du dessus et du dessous. Il est voisin du *Bothr. Cotteauanus* et du *Bothr. Toucasanus*, d'Orbigny, qui appartiennent à l'étage sénonien de la Provence. Ces dernières espèces atteignent une taille plus considérable, ont le sommet plus excentrique en avant, les ambulacres plus courts, la partie postérieure plus élargie, et il est facile de les distinguer.

LOCALITÉ. — Le *Bothriopygus Meslei* a été recueilli par MM. le Mesle et Durand au Djebel Debdebba, entre le Milok et le Rakoussa, département d'Alger. — Assez rare. — Étage néocomien supérieur, ou peut-être urgonien inférieur.

Collection Durand, Gauthier, le Mesle.

EXPLICATION DES FIGURES. — Pl. V, fig. 5, *Bothriopygus Meslei*, de profil, de la collection de M. Gauthier ; fig. 6, face sup. ; fig. 7, face inf. ; fig. 8, aire ambulacraire grossie ; fig. 9, individu de grande taille, face supérieure.

BOTHRIOPYGUS TRAPETI, Gauthier, 1875.

Pl. VI, fig. 1-4.

BOTHRIOPYGUS TRAPETI, Cotteau, Peron, Gauthier, *loc. cit.*, *Echin. foss.*
de *l'Algérie*, p. 76, fig. 70-73.
—   —   Coquand, *Bull. de l'Acad. d'Hippone*, p. 293, 1880.

Longueur, 27 mill. — Largeur, 22 mill. — Hauteur, 11 mill.
—   35 —   —   31 —

Forme médiocrement renflée, rétrécie en avant, un peu élargie
en arrière, presque plane en dessous, déprimée autour du péristome. Sommet apical presque central, situé au point le plus
élevé : de là le test s'incline en pente douce, à peu près uniforme,
vers l'avant et l'arrière.

Appareil apical peu développé; les deux pores génitaux postérieurs sont plus écartés que les autres. Ambulacres à fleur de
test ou légèrement renflés dans les grands exemplaires, pétali-
formes, assez larges, s'étendant presque jusqu'au bord. Les pores
externes sont plus allongés que les internes, ces derniers étant
presque ronds.

Périprocte placé au milieu de la face postérieure, à peu près
également visible d'en haut et d'en bas. Un léger sillon subanal
échancre à peine le bord inférieur. Le péristome nous est inconnu.

Granulation fine et assez serrée à la face inférieure.

Rapports et différences. — Voisin du *Bothriopygus Meslei*, le
Bothr. Trapeti s'en distingue par la courbe supérieure plus renflée, par ses ambulacres bien plus larges, et par sa face postérieure plus épaisse. Il s'éloigne du *Bothr. obovatus* (*B. minor*)
par la position plus supère de son périprocte et par l'aire anale
coupée tout différemment; la partie antérieure est aussi moins
large et les ambulacres offrent des différences appréciables.

LOCALITÉ. — Le *Bothr. Trapeti* a été recueilli par MM. Trapet
et Durand au Djebel Debdebba, entre le Milok et le Rakoussa,
département d'Alger. — Etage néocomien supérieur, ou peut-
être urgonien inférieur.

Collection Trapet, Durand, Gauthier.

EXPLICATION DES FIGURES. — Pl. VI, fig. 1, *Bothriopygus Trapeti*, vu sur la face supérieure, de la collection de M. Gauthier; fig. 2, face postérieure; fig. 3, appareil apical grossi; fig. 4, individu de grande taille vu sur la face supérieure.

ECHINOBRISSUS HUMILIS, Gauthier, 1875.

Pl. VI, fig. 5-7.

ECHINOBRISSUS HUMILIS, Cotteau, Peron, Gauthier, *loc. cit.*, *Echin. foss. de l'Algérie*, p. 77, fig. 74-76. 1875.
— — Coquand, *Bull. de l'Acad. d'Hippone*, p. 293.

Longueur, 27 mill. — Largeur, 25 mill. — Hauteur, 12 mill.

Forme subarrondie, déprimée, assez fortement rétrécie en avant, élargie en arrière. Face supérieure à peu près plate, pourtour non tranchant. L'aire anale postérieure tombe presque verticalement. Face inférieure à demi-pulvinée, légèrement creusée autour du péristome.

Sommet excentrique en avant, éloigné du bord postérieur de 0,67 de la longueur totale. L'appareil apical est invisible dans notre unique exemplaire. Ambulacres étroits, allongés, renflés, assez ouverts à l'extrémité. Les pores sont inégaux, les internes à peu près ronds, les externes plus développés; ils sont bien visibles autour du péristome.

Périprocte situé à la face postérieure, empiétant un peu sur la face supérieure; il est grand, acuminé aux extrémités.

Péristome antérieur, à peu près à la même distance du bord que le sommet.

Rapports et différences. — L'*Echinobrissus humilis* se distingue facilement des autres espèces du genre par sa forme déprimée et large, et par la position de son périprocte. Comparé aux espèces du terrain jurassique supérieur, il ne saurait être confondu avec les *Echin. Haimei* et *Brodiei*, Wright, du Boulonnais, qui ont le périprocte plus rapproché du sommet. Comme forme générale, il est assez voisin de l'*Echin. Perroni*, Étallon, du portlandien de Gray. C'est le même aspect élargi et déprimé; mais, dans notre espèce algérienne, le périprocte est plus près du bord, le sommet est plus antérieur, les ambulacres sont plus renflés. Parmi les autres espèces algériennes du crétacé inférieur, l'*Echin. sebaensis* est bien plus élevé, moins large; les ambulacres sont moins ouverts et moins longs, le sommet moins excentrique.

LOCALITÉ. — L'*Echinobrissus humilis* a été recueilli par M. le Mesle à deux kilomètres au sud du Kheneg de Merguet, avec l'*Echinospatangus africanus*. — Étage néocomien supérieur.

Collection Gauthier.

EXPLICATION DES FIGURES. — Pl. VI, fig. 5, *Echinobrissus humilis,* face sup.; fig. 6, face inférieure; fig. 7, région anale.

ECHINOBRISSUS DURANDI, Gauthier, 1875.

Pl. VI, fig. 8-14.

ECHINOBRISSUS DURANDI, Cotteau, Peron et Gauthier, *loc. cit., Echin. foss. de l'Algérie*, p. 77, fig. 77-83. 1875.

— — Coquand, *Bull. de l'Acad. d'Hippone*, p. 293. 1880.

Longueur, 30 mill. — Largeur, 24 mill. — Hauteur, 14 mill.
— 21 — — 17 — — 9 —

Forme ovale, allongée, à peine rétrécie en avant, un peu plus élargie et subtronquée en arrière, déprimée à la partie supérieure, arrondie au pourtour, presque plane en dessous, sauf une dépression peu considérable autour du péristome. La face postérieure est brusquement inclinée, un peu oblique, surtout dans les jeunes. Sommet subcentral, légèrement en avant.

Appareil apical peu étendu; plaques génitales au nombre de quatre; la plaque antérieure droite porte le corps madréporiforme qui occupe le milieu de l'appareil. Les cinq plaques ocellaires sont très petites et intercalées dans les angles des plaques génitales.

Ambulacres étroits, longs, subpétaloïdes, composés de pores allongés et obliques dans les rangées externes, à peu près ronds dans les rangées internes. Les pores se continuent en dehors de l'étoile pétaloïde; ils sont alors plus petits, uniformes, plus éloignés, mais visibles partout jusqu'au péristome, où ils forment un floscelle distinct, peu développé.

Péristome pentagonal, oblique, situé dans une légère dépression du test.

Périprocte très long, ovale, étroit, occupant presque toute l'aire postérieure, terminé à la base par un sillon très court et échancrant à peine l'ambitus.

Granulation serrée, les tubercules relativement assez gros, les granules plus fins, occupant les intervalles.

Rapports et différences. — L'*Echinobrissus Durandi* se distingue facilement de l'*Echin. humilis* par sa forme allongée et ses côtés presque parallèles, par son périprocte remontant plus haut. Parmi les espèces européennes, il se rapprocherait assez, pour la physionomie, de l'*Echinobrissus Duboisi*, Desor, n'était la disposition plus verticale de la face postérieure dans ce dernier, qui l'a fait placer par M. de Loriol dans le genre *Phyllobrissus* (1). Il diffère de l'*Echin. Renevieri*, Desor, par son apex plus central, par sa partie postérieure plus large; de l'*Echin. Roberti*, A. Gras, par sa taille plus considérable, ses côtés plus rectilignes, sa partie antérieure plus large, et sa partie postérieure moins arrondie.

Localité. — Djebel Debdebba, Aflou, sud du Djebel Merguet. Étage néocomien supérieur, ou peut-être urgonien inférieur.

Collection Durand, Gauthier, Peron.

Explication des figures. — Pl. VI, fig. 8, *Echinobrissus Durandi*, vu sur la face supérieure, de la collection de M. Durand; fig. 9, face inférieure; fig. 10, région anale; fig. 11, individu jeune, vu sur la face supér., de la collection de M. Gauthier; fig. 12, face infér.; fig. 13, appareil apical grossi; fig. 14, péristome grossi.

ECHINOBRISSUS SEBAENSIS, Gauthier, 1875.

Pl. VI, fig. 15, 16; pl. VII, fig. 1-4.

Echinobrissus sebaensis, Cotteau, Peron, Gauthier, *loc. cit.*, *Echin. foss. de l'Algérie*, p. 79, fig. 84-89. 1875.

— — Coquand, *Bulletin de l'Acad. d'Hippone*, p. 294.

Longueur, 37 mill. — Largeur, 31 mill. — Hauteur, 18 mill.

Test d'assez grande taille, allongé, rétréci en avant, à peu près aussi large en arrière qu'au milieu. Face supérieure assez élevée. Le sommet apical, qui est le point culminant, est au tiers anté-

----

(1) *Echinologie helvétique*, terr. crét. p. 236.

rieur ; de là le test forme une courbe déprimée jusqu'au bord postérieur. Face inférieure fortement concave.

Appareil apical composé de quatre plaques génitales largement perforées, quoique de petite dimension. La plaque madréporiforme est relativement grande et occupe tout le centre de l'appareil. Les cinq plaques ocellaires sont très petites et s'intercalent dans les angles des plaques génitales. Ambulacres longs, pétaloïdes, composés de pores ovales et peu développés dans les rangées internes, plus allongés dans les rangées externes.

Péristome enfoncé, assez grand, subpentagonal, excentrique en avant, sans floscelle bien apparent, quoique les pores soient multipliés.

Périprocte grand, ovale, assez bas, au sommet d'un sillon court et large, qui n'échancre que médiocrement le bord.

Remarques. — La forme de cette espèce n'est pas toujours constante. La courbe supérieure est plus ou moins accentuée vers le sommet, et, dès lors, la pente postérieure plus ou moins déclive. Quelques individus jeunes sont plus arrondis, ce qui fait que la partie où se trouve le périprocte est moins oblique et donne à l'ensemble une forme voisine de celle des *Phyllobrissus*.

Rapports et différences. — L'*Echinobrissus sebaensis* est beaucoup plus large en arrière que l'*Ech. Olfersii*. La partie postérieure est moins rapidement déclive que dans l'*Ech. Bourguignati*, d'Orbigny, et le périprocte est moins haut. L'espèce dont il se rapproche le plus est l'*Echin. Renaudi*, d'Orbigny, dont M. Desor a fait un *Phyllobrissus* ; il s'en distingue par ses ambulacres plus larges, par la position plus haute du périprocte, par l'obliquité de la face postérieure, et enfin par le dessous plus creusé.

Localité. — Djebel Seba-Liamoun, revers méridional, dans le sud de Bou-Saada. Avec le *Pygurus impar.* — Assez abondant. — Étage néocomien supérieur, ou urgonien inférieur.

Collection Peron, Cotteau, Gauthier, de Loriol.

Explication des figures. — Pl. VI, fig. 15, *Echinobrissus sebaensis*, face sup., de la collection de M. Peron ; fig. 16, région anale. — Pl. VII, fig. 1, *Echin. sebaensis*, face inférieure ; fig. 2, individu plus jeune, face sup. ; fig. 3, autre variété ; fig. 4, aire ambulacraire antérieure grossie.

PYRINA INCISA, d'Orbigny. 1856.

PYRINA INCISA, Cotteau, Peron et Gauthier, *loc. cit. Echin. foss, de l'Al-gérie*, p. 80. 1875.
—   —   Coquand, *Bull. de l'Acad. d'Hippone*, p. 301, 1880.

M. Peron a recueilli dans le terrain néocomien d'Anouel un exemplaire de *Pyrina*, déformé et mal conservé, que nous croyons pouvoir rapporter au *P. incisa*. Le périprocte est à la partie supérieure, et rien, dans les ambulacres ou dans la granulation, ne nous paraît différer des grands individus de l'espèce à laquelle nous rapportons cet exemplaire. On comprendra toutefois notre réserve, puisque nous ne possédons qu'un fragment, et en mauvais état.

M. Jullien a recueilli d'autres exemplaires du *Pyrina incisa*, que nous avons signalés ailleurs, dans l'étage urgo-aptien de Krenchela, de sorte que la présence de cette espèce en Algérie est pleinement confirmée. En Europe, le *P. incisa* appartient aux couches du valengien, du néocomien moyen, et, plus rarement, de l'urgonien.

LOCALITÉ. — Foum Anouel, rive gauche. — Très rare. — Étage néocomien moyen.

Collection Peron.

ECHINOCONUS SOUBELLENSIS, Gauthier. 1875.

Pl. IV, fig. 4-5.

ECHINOCONUS SOUBELLENSIS, Cotteau, Peron et Gauthier, *loc. cit., Echin. foss. de l'Algérie*, p. 80, fig. 44-48. 1875.
—   —   Coquand, *Bull. de l'Acad. d'Hppone*, p. 297.

Longueur, 40 mill. — Largeur, 37 mill. — Hauteur, 24 mill.

Forme pentagonale, assez allongée, élargie en avant, médiocrement rétrécie en arrière. Face supérieure subconique, un peu déprimée sur les côtés; pourtour arrondi. Face inférieure légèrement concave.

Sommet légèrement excentrique en arrière. Zones porifères droites, superficielles, formées à la partie supérieure de petits pores arrondis, superposés par simples paires. Sur toute la face inférieure, ces pores sont très remarquablement bigéminés. Aires ambulacraires étroites, n'offrant rien qui diffère sensiblement des autres espèces du genre.

Aires ambulacraires larges, couvertes de petits tubercules scrobiculés, nombreux, serrés, un peu plus rares aux approches du péristome.

Péristome central, petit, décagonal, légèrement oblique.

Périprocte de taille moyenne, marginal, mais visible seulement de la face inférieure; il échancre un peu le bord postérieur.

Rapports et différences. — Aucune espèce du genre *Echinoconus* n'a été jusqu'à présent signalée dans l'étage néocomien. L'*Echin. soubellensis* est donc le plus ancien qui soit connu. Il est assez voisin de l'*Echin. castanea*, d'Orbigny, qui caractérise l'étage albien, et qu'on rencontre déjà dans l'aptien. Il en diffère par un aspect général moins renflé, par sa face supérieure plus acuminée, par ses flancs plus comprimés, par son pourtour moins arrondi, sa face inférieure plus concave, et ses pores bien plus fortement dédoublés en dessous. Ce sont deux espèces qu'il est facile de distinguer à première vue.

LOCALITÉ. — Oued Soubella (Djebel Bou-Thaleb). Exemplaire unique. — Etage néocomien moyen.

Collection Peron.

EXPLICATION DES FIGURES. — Pl. IV, fig. 1, *Echinoconus soubellensis*, vu de profil; fig. 2, face supérieure; fig. 3, face inférieure; fig. 4, région anale; fig. 5, péristome grossi, montrant la multiplication des pores.

HOLECTYPUS MACROPYGUS, Desor, 1840.

Pl. VII, fig. 5-7.

DISCOIDEA MACROPYGA, Ville, *Notice minéral. sur les prov. d'Alger et d'Oran*, p. 4. 1858.

HOLECTYPUS MACROPYGUS, Coquand, *Géol. et Paléont. de la région sud de la prov. de Constantine*, p. 282. 1862.

— — Nicaise, *Catal. des anim. foss. de la prov. d'Alger*, p. 43. 1870.

— — Cotteau, Peron et Gauthier, *Echin. foss. de l'Algérie*, p. 81, fig. 70-92. 1875.

Holectypus macropygus, Coquand, *Bull. de l'Acad. d'Hippone*, p. 219.
1880.

Les exemplaires de cette espèce, recueillis en Algérie, sont parfaitement conformes à toutes les descriptions données. La forme est circulaire ou légèrement pentagonale; la face supérieure plus ou moins déprimée, quelquefois subconique; la face inférieure sensiblement creusée. Appareil apical petit, mais saillant; la plaque madréporiforme est relativement fort étendue.

Zones porifères droites, formées de pores arrondis et petits, superposés par simples paires très serrées à la face supérieure, plus écartées en dessous. Aires ambulacraires étroites au sommet, ne prenant plus bas qu'un développement médiocre, ornées de quatre à six rangées de petits tubercules, à l'ambitus.

Périprocte ovale, occupant presque tout l'espace compris entre le péristome et le bord.

Péristome situé dans une dépression, subdécagonal.

Nous possédons un exemplaire jeune, dans lequel la face inférieure est plus profondément creusée. Le périprocte, plus étendu que dans les adultes, échancre l'ambitus. Ces variations, dues au jeune âge, ont déjà été constatées bien des fois dans les exemplaires européens, et il n'y a rien là qui autorise à séparer spécifiquement cet exemplaire des autres.

L'*Holectypus macropygus* est très répandu en Europe. On le rencontre très rarement dans l'étage valengien. Il est commun dans les couches du néocomien moyen, et il remonte jusque dans l'aptien inférieur. En Algérie, nous aurons à signaler de nouveau cette espèce dans les couches à *Heteraster oblongus*.

Localité. — Foum-Anouel (rive gauche), Teniet-Courass. — Foum-Islamem (rive gauche) selon Coquand, Hadjar Roum; —, sud du Djebel Merguet. — Étage néocomien.

Collections Peron, Gauthier, service des mines à Alger.

Explication des figures. — Pl. VII, fig. 5, *Holectypus macropygus* vu de côté, de la collection de M. Peron; fig. 6, face sup.; fig. 7, individu jeune, vu en dessous.

CIDARIS MURICATA, Rœmer, 1836.

Pl. IV, fig. 6-7.

CIDARIS MURICATA, Cotteau, Peron et Gauthier, *Echin. foss. de l'Algérie*,
   p. 82, fig. 49 et 50. 1875.
 — — Coquand, *Bull. de l'Acad. d'Hippone*, p. 309. 1880.

Nous ne connaissons qu'un seul radiole de cette espèce recueilli
en Algérie. Il ne peut d'ailleurs y avoir aucun doute sur la détermination, car ce radiole est parfaitement conforme au type
décrit. Un des côtés de la tige est couvert de granules fins,
homogènes, aigus, reliés entre eux et formant des séries linéaires ;
l'autre côté porte, mêlées à de gros granules, des épines très
saillantes, comprimées, irrégulièrement placées. L'intervalle
entre les épines est finement strié. Collerette épaisse, bouton peu
développé.

LOCALITÉ. — Foum-Anouel (rive gauche). — Rare. — Étage
néocomien moyen.

Collection Peron.

EXPLICATION DES FIGURES.—Pl. IV, fig. 6 et 7, radiole du *Cidaris
muricata*, vu sur les deux faces.

CIDARIS MARESI, Cotteau, 1866.

Pl. VII, fig. 8-11.

CIDARIS MARESI, Cotteau, *Echin. nouv. ou peu connus*, p. 112, pl. XV, fig.
   8-10. 1866.
 — — Cotteau, Peron et Gauthier, *Echin. foss. de l'Algérie*, p.
   83, fig. 93-96, 1875.
 — — Coquand, *Bull. de l'Acad. d'Hippone*, p. 310, 1880.

Radiole très gros, renflé, glandiforme. La partie supérieure,
qui se termine en pointe émoussée, porte des granules saillants,
acuminés, inégaux, parfois épars, parfois rangés en séries longitudinales. Au milieu du radiole, les granules cessent subitement et sont remplacés par des lignes horizontales, formant de
légers sillons sinueux. La tige semble alors couverte de rides ou
d'écailles aplaties, plus visibles sur un côté que sur l'autre. A la

base, on voit reparaître de petits granules. Collerette mince, peu allongée ; bouton assez saillant ; facette articulaire crénelée.

Rapports et différences. — Les radioles du *Cidaris Maresi* ne sont pas sans analogie avec ceux du *Pseudocidaris recchigana,* que nous avons décrits dans le premier fascicule de cet ouvrage. La forme est à peu près la même, un peu moins allongée cependant, et, à la partie supérieure, les gros granules acérés qui couvrent la tige présentent presque la même physionomie. Le *Cidaris Maresi* se distingue par les stries horizontales et onduleuses qui couvrent le radiole dans toute sa moitié inférieure, et qui lui donnent un aspect tout particulier.

Localité. — Djebel Zaccar, Kheneg de Merguet, entre Djelfa et Laghouat ; Djebel Debdebba, entre le Milok et le Rakoussa ; département d'Alger. — Drâ el Ahmar, près de Géryville, département d'Oran. Assez rare.

Collections Marès, Gauthier, Cotteau, Durand, le Mesle, Peron. Cette espèce a été recueillie d'abord par M. Marès, et depuis par MM. le Mesle et Durand.

Explication des figures. — Pl. VII, fig. 8, radiole du *Cidaris Maresi;* fig. 9, partie supérieure ; fig. 10, partie médiane grossie ; fig. 11, autre exemplaire plus petit.

Cidaris venustior, Coquand, 1880.

Cidaris venustior, Coquand, *Bull. de l'Acad. d'Hippone*, p. 310, 1880.

Nous n'avons pas eu entre les mains les radioles que Coquand a désignés sous ce nom et qu'il a décrits sans les figurer. Nous ne pouvons donc que reproduire sa description :

« Test inconnu ; radioles allongés, subcylindriques, assez
« grêles, pourvus de côtes longitudinales minces, finement
« épineuses ou granuleuses, simples dans leur premier par-
« cours, espacées, mais prenant de nouvelles côtes au fur et à
« mesure de leur développement, également épineuses, mais
« indépendantes des premières, de sorte que vers le sommet
« elles se montrent tellement serrées que les intervalles dispa-
« raissent et qu'elles constituent une surface entièrement rem-
« plie de granulations disposées en séries linéaires,

« Cette espèce a été recueillie par M. Dutruge, dans l'étage
« néocomien des environs de Duvivier.

« Collection Coquand. »

RHABDOCIDARIS sp...?

Nous rapportons au genre *Rhabdocidaris* un fragment très
incomplet de gros radiole recueilli dans le terrain néocomien
d'Algérie. La tige est épaisse, allongée, et la section donne un
ovale comprimé d'un côté. Le corps du radiole est orné de ver-
rues ou granules irréguliers, très serrés, formant des séries
linéaires sans régularité, interrompues. L'aspect est chagriné.

Ce fragment n'est pas sans analogie avec le radiole que l'un
de nous a décrit sous le nom de *Rh. Jauberti* (1), et qui provient
du néocomien de Cheiron (Basses-Alpes); mais notre radiole est
trop incomplet pour que nous puissions rien préciser à cet égard.

LOCALITÉ. — Rive gauche de l'Oued Anouel, au sud du village
arabe d'Anouel, département de Constantine. — Étage néocomien.

Collection Peron.

ACROSALENIA PATELLA (Agassiz), Desor, 1840.

ACROSALENIA PATELLA, Cotteau, Peron et Gauthier, *loc. cit.*, *Echin. foss.*
de *l'Algérie*, p. 85, 1875.
   —   —   Coquand, *Bull. de l'Acad. d'Hippone*, p. 329.

Forme pentagonale, déprimée en dessus, presque plate en
dessous. Appareil apical peu étendu; plaques génitales pentagonales, allongées. La plaque impaire, rejetée en arrière par
l'excentricité du périprocte, pénètre profondément dans l'interambulacre postérieur. Les plaquettes suranales ne sont pas
toutes conservées dans notre exemplaire, ce qui fait paraître le
périprocte plus grand.

Zones porifères superficielles, droites, composées de pores
petits et arrondis, régulièrement disposés par simples paires,

(1) Cotteau, *Paléont. française*, terr. crétacé, t. VII, p. 349, pl. 1081,
fig. 8-12.

plus irrégulières près du péristome. Aires ambulacraires renflées, garnies de deux rangées externes de très petits tubercules crénelés et perforés, au nombre de vingt-sept par série.

Aires interambulacraires très larges et déprimées au milieu, portant deux rangées de tubercules peu développés près du péristome, gros et profondément scrobiculés à l'ambitus et à la face supérieure. Ils diminuent brusquement de volume aux approches du sommet, et la série se termine par trois ou quatre granules écartés et très visibles. Deux rangées de tubercules secondaires irréguliers se voient de chaque côté de l'interambulacre, à la partie inférieure.

L'*Acrosalenia patella* est rare en Algérie, mais l'exemplaire recueilli par M. Peron est bien conforme au type européen. En France et en Suisse, l'horizon ordinaire de cette espèce est l'étage valengien, où elle est assez abondante. On la trouve aussi dans le néocomien moyen, et, très rarement, dans l'urgonien inférieur de Sainte-Croix.

Localité. — Rive gauche de l'Oued Anouel, au sud du village arabe d'Anouel. Exemplaire unique. — Étage néocomien moyen. Collection Peron.

Acrosalenia miranda, Gauthier, 1875.

Pl. VII, fig. 12, et pl. VIII, fig. 1-2.

Acrosalenia miranda, Cotteau, Peron et Gauthier, *loc. cit.*, *Echin. foss. de l'Algérie*, p. 86, fig, 109 et 110. 1875.
—   —   Coquand, *Bull. de l'Acad. d'Hippone*, p. 329.

Espèce de petite taille, subcirculaire, déprimée à la partie supérieure, plate en dessous.

Appareil apical très développé; nous ne le possédons malheureusement pas tout entier. Quatre plaques génitales sont conservées; elles sont pentagonales, granuleuses, largement perforées à peu de distance de la pointe extérieure. L'antérieure de droite porte le corps madréporiforme, qui a l'apparence d'une petite saillie spongieuse. La cinquième plaque nous manque, emportée dans une déchirure du test. Plaquettes suranales nombreuses; une grande plaque occupe le centre de l'appareil; en

outre, un de nos exemplaires en montre six petites, et il ne
manque encore quelques-unes, car le périprocte paraît très grand
et se trouve rejeté très bas dans l'aire interambulacraire postérieure : il descend jusqu'au premier gros tubercule. Plaques
ocellaires triangulaires, intercalées dans les angles externes des
plaques génitales.

Zones porifères droites, formées de pores arrondis, disposés
par simples paires. Aires ambulacraires étroites, renflées, bor-
dées de chaque côté d'une rangée de granules bien distincts,
perforés, de taille à peu près égale dans toute la série, mais
s'effaçant un peu près du sommet. L'espace intermédiaire est
couvert d'une granulation très fine, serrée et abondante, formant
deux ou trois rangées irrégulières et inégales.

Aires interambulacraires larges, portant deux rangées de gros
tubercules crénelés et perforés, qui montent plus haut que
l'ambitus et s'arrêtent brusquement avant d'arriver au sommet.
Les deux ou trois plaques qui terminent l'aire ne portent plus
qu'un tubercule atrophié, entouré d'une granulation très fine
et très serrée.

Zone miliaire large, très granuleuse.

Rapports et différences. — L'espèce dont se rapproche le plus
l'*Acrosalenia miranda* est bien certainement l'*Acros. angularis*,
qui appartient aux terrains jurassiques supérieurs. La forme est
la même ; les détails des ambulacres et des interambulacres
n'offrent que des différences peu considérables : ainsi, l'aire ambulacraire, dans notre espèce, est un peu plus large à l'ambitus,
ou, du moins, les gros granules qui bordent l'aire y sont moins
développés, car il reste encore place pour deux ou trois rangées
de granules miliaires. Dans l'aire interambulacraire, le plus
élevé des vrais tubercules est aussi le plus gros ; mais il y a une
assez grande différence de taille entre celui-ci et celui qui le
précède immédiatement ; l'accroissement est moins régulier que
dans l'*Acros. angularis*. Mais l'appareil apical est très différent ;
les plaquettes suranales sont beaucoup plus nombreuses, et le
périprocte se trouve rejeté plus bas. Ce dernier caractère suffit
pour distinguer l'*Acros. miranda* de tous ses congénères.

Localité. — El Haouadjib, entre le Djebel Rakoussa et le

Djebel M'Daouer; Djebel Merguet, département d'Alger. Etage néocomien supérieur. Ces deux exemplaires ont été recueillis par M. Durand et M. Thomas.

Collections Durand, Thomas.

EXPLICATION DES FIGURES. — Pl. VII, fig. 12, *Acrosalenia miranda*, appareil grossi; pl. VIII, fig. 1, autre exemplaire, de grandeur naturelle; fig. 2, le même, grossi.

PSEUDOCIDARIS CLUNIFERA (Agassiz), de Loriol, 1869.

Pl. VII, fig. 16-22

PSEUDOCIDARIS CLUNIFERA, Cotteau, Peron et Gauthier, *loc. cit.*, *Echin. foss. de l'Algérie*, p. 87, fig. 102-108, 1875.
—   —   Coquand, *Bull. de l'Acad. d'Hippone*, p. 323. 1880.

Nous possédons plusieurs exemplaires du test, qui ne présentent aucune différence sensible avec ceux qu'on a recueillis en Europe. Forme subcirculaire, moyennement élevée, déprimée en dessus et en dessous.

Appareil apical composé de cinq plaques génitales médiocrement développées, et de cinq plaques ocellaires petites et intercalées dans les angles. Zones porifères à fleur de test, flexueuses, formées de pores arrondis et superposés par simples paires. Aires ambulacraires étroites, onduleuses, portant, près du péristome, deux rangées de semi-tubercules, qui diminuent de volumes à mesure qu'elles s'éloignent de la bouche, et finissant par de simples granules assez saillants. L'espace intermédiaire est très serré et granuleux.

Aires interambulacraires larges, ornées de deux rangées de tubercules gros, crénelés, perforés, entourés d'un cercle distinct de granules. Ces gros tubercules sont espacés, au nombre de quatre par rangée. Les autres, plus rapprochés du sommet, diminuent considérablement de volume et ne sont plus que de gros granules.

Péristome assez large, à peine entaillé.

Périprocte assez grand, entouré par l'appareil apical.

'Les radioles sont abondants à Anouel et représentent toutes les variétés connues. La forme la plus générale est ovoïde; mais d'autres exemplaires sont plus allongés, fusiformes, étranglés au milieu, plus ou moins acuminés au sommet. La granulation, très fine dans le voisinage de la collerette, devient plus grossière à mesure que l'on approche de l'autre extrémité. Bouton peu développé, surface articulaire crénelée.

Remarque. — Nous avons comparé les exemplaires provenant de l'Algérie avec d'autres, de l'étage urgonien de la Suisse; nous n'y avons point vu de différences importantes. Il est intéressant que cette espèce se rencontre en Algérie dans le néocomien. M. Cotteau a fait observer (1) que dans l'Yonne, le *Ps. clunifera* se trouve dans les couches à *Echin. cordiformis*, et surtout à la partie inférieure de l'étage, au milieu des Zoophites, et disparaît même avant le grand développement des *Echinospatangus*. Dans le Jura et en Suisse, on ne trouve cette espèce que dans l'urgonien. Dès lors il semblait que le *Pseud. clunifera*, spécial aux couches néocomiennes dans le bassin océanien, n'avait pénétré dans le bassin méditerranéen qu'à l'époque où se déposaient les couches urgoniennes. Il n'en est pas ainsi, puisque c'est dans le néocomien vrai que l'espèce abonde en Algérie. Elle vivait en même temps dans les deux mers, et l'on ne doit attribuer la différence de niveau qu'à des migrations partielles.

LOCALITÉ. — Djebel Lazereg (le test). — Teniet-Courass, Foum-Anouel, Djebel-bou-Thaleb, au sud de Sétif (radioles). — Abondant. — Étage néocomien.

Collections Peron, Gauthier, Cotteau, Coquand, le Mesle, Durand.

EXPLICATION DES FIGURES. — Pl. VII, fig. 16, *Pseudocidaris clunifera*, vu de côté; fig. 17, face sup.; fig. 18, 19, 20, 21 et 22, radioles divers.

(1) *Paléont. franç.*, terrain crétacé, t. VII, p. 391.

HEMICIDARIS MESLEI, Gauthier, 1876.

Pl. VIII, fig. 3-8.

HEMICIDARIS MESLEI, Cotteau, Peron, Gauthier, *loc. cit.*, *Echin. foss. de l'Algérie*, p 89, fig. 111-116. 1875.

—   —   Coquand, *Bull. de l'Acad. d'Hippone*, p. 320.

Diamètre, 13 mill. — Hauteur, 7 mill. — Diamètre du péristome, 5 mill.

Espèce de très petite taille, déprimée, presque plane en dessous, ayant une apparence subpentagonale par suite du renflement des aires ambulacraires.

Appareil apical très développé. Il se compose de cinq plaques génitales granuleuses, assez grandes, pénétrant sensiblement par l'angle externe dans les aires interambulacraires, largement perforées au milieu. La plaque antérieure de droite porte le corps madréporiforme, qui est d'apparence spongieuse. Plaques ocellaires petites, intercalées dans les angles des plaques génitales.

Zones porifères à fleur de test, droites jusqu'à l'ambitus, où elles s'écartent tout à coup pour laisser plus d'espace aux semi-tubercules. Les pores sont ronds et disposés par simples paires.

Aires ambulacraires étroites, renflées, portant à partir du péristome une double rangée de six ou sept semi-tubercules, régulièrement disposés, et qui sont remplacés à la partie supérieure par deux séries de granules irréguliers et qui se perdent au milieu d'une granulation plus fine.

Aires interambulacraires larges, munies de deux rangées de tubercules, crénelés et perforés, qui grossissent à mesure qu'ils s'éloignent du péristome, et qui deviennent à l'ambitus relativement très gros, au nombre de trois ou quatre par série. Les scrobicules qui les entourent sont larges, très accusés et bordés par un cercle de granules bien apparents. Avant d'arriver au sommet, les gros tubercules disparaissent, et sont remplacés par deux ou trois tubercules atrophiés, portés par des plaques très granuleuses. Nous n'avons pas pu voir si le péristome était entaillé.

Périprocte rond et grand, entouré par l'appareil apical.

Rapports et différences. — L'exemplaire unique que nous venons de décrire est peut-être un individu jeune, et il peut se faire que l'espèce atteigne une taille plus considérable. Certains caractères semblent le rapprocher des *Acrosalenia;* mais l'appareil apical, bien conservé, ne portant aucune trace de plaques supplémentaires, il n'y a pas lieu de ranger cette espèce parmi les salénies. On peut comparer l'*Hemicidaris Meslei* à quelques petites espèces du même genre, telles que *Hem. acinum,* Desor, *Hem. saleniformis,* Desor. L'*Hem. acinum* est beaucoup plus élevé, et les tubercules ambulacraires n'offrent ni le même aspect, ni la même disposition. L'*Hem. saleniformis* présente autour des pores oviducaux de petites déchirures qui ne se montrent pas sur notre exemplaire algérien, dans lequel les tubercules sont en outre entourés d'un cercle de gros granules, ce qui ne permet pas de confondre ces deux espèces.

Localité. — Djebel Lazereg, département d'Alger, avec le *Pseudocidaris clunifera.* —Étage néocomien.

Collection Gauthier.

Explication des figures. — Pl. VIII, fig. 3, *Hemicidaris Meslei,* vu de profil; fig. 4, face sup.; fig. 5, face inf.; fig. 6, aire ambulacraire grossie; fig. 7, aire interambulacraire grossie; fig. 8, appareil apical grossi.

Pseudodiadema anouelense, Gauthier, 1875.

Pl. VIII, fig. 9-13.

Pseudodiadema anouelense, Cotteau, Peron et Gauthier, *loc. cit., Echin. foss. de l'Algérie,* p. 90, fig. 117-121. 1875.
—   —   Coquand, *Bull. de l'Acad. d'Hippone,* p. 324.

Diamètre, 22 mill. — Hauteur, 10 mill. — Diam. du péristome, 10 mill.

Forme circulaire, peu élevée, arrondie au pourtour. Face inférieure plate. Appareil apical pentagonal, grand, du moins à en juger par l'empreinte.

Zones porifères légèrement déprimées, droites à la partie supérieure, puis formant de petits arcs autour des plaques qui portent les plus gros tubercules. Pores simples sur toute la face supérieure, à peine bigéminés près du péristome. Aires ambulacraires saillantes, fortement élargies à l'ambitus, portant deux rangées de tubercules crénelés et perforés, gros au pourtour, s'amoindrissant beaucoup à mesure qu'ils se rapprochent du sommet, au nombre de dix ou onze par série.

Aires interambulacraires un peu rétrécies à l'ambitus par suite de l'élargissement de l'ambulacre, plus larges, relativement, à la partie supérieure, ornées de neuf à dix tubercules, semblables à ceux de l'aire ambulacraire, à peine plus gros au pourtour, et diminuant comme eux près du sommet. Zone miliaire de médiocre largeur, couverte d'une granulation peu serrée et grossière. D'autres granules forment des cercles imparfaits autour des principaux tubercules. Il n'y a point de tubercules secondaires.

Péristome large, subdécagonal, fortement entaillé.

Rapports et différences. — Au premier aspect, le *Pseudodiadema anouelense* n'est pas sans analogie avec certains types du genre *Acrocidaris*. Nous ne l'avons pas compris dans ce genre, d'abord parce que nous ne connaissons pas l'appareil apical, puis parce que les ambulacres sont peu sinueux. Les tubercules sont moins fortement mamelonnés que dans l'*Acrocidaris minor*, et sont plus rapprochés dans les interambulacres. Le *Pseudod. anouelense* se rapproche du *Pseud. gemmeum*, de Loriol, mais le péristome est plus grand, l'appareil apical plus étendu, les tubercules sont plus développés, la granulation est beaucoup moins serrée. Il diffère du *Pseud. mamillanum* par sa face supérieure moins déprimée, par ses tubercules plus gros à l'ambitus et moins nombreux, par son appareil apical plus large.

LOCALITÉ. — Sud d'Anouel, Teniet-Courass. — Rare. — Étage néocomien.

Collection Peron.

EXPLICATION DES FIGURES. — Pl. VIII, fig. 9, *Pseudodiadema anouelense*, vu de profil; fig. 10, face sup.; fig. 11, face inf,; fig. 12, portion d'aire ambulacraire grossie; fig. 13, plaques coronales, grossies.

ORTHOPSIS REPELLINI (A. Gras), Cotteau, 1864.

ORTHOPSIS REPELLINI, Cotteau, Peron et Gauthier, *loc. cit.*, *Echin. foss. de l'Algérie*, p. 91. 1875.
—   —   Coquand, *Bull. de l'Acad. d'Hippone*, p. 330.

M. Peron a recueilli, avec les autres fossiles néocomiens d'Anouel, un exemplaire fort imparfait d'*Orthopsis*. Les quelques caractères qui sont visibles nous paraissent se rapporter à l'*Orthopsis Repellini :* les aires ambulacraires sont peu développées ; les tubercules perforés, mais sans crénelures, sont de taille médiocre et forment deux rangées principales dans les aires interambulacraires, et plusieurs rangées secondaires.

Remarque. — L'*Orthopsis Repellini* n'a encore été signalé en Europe que dans l'est de la France (Isère) et en Suisse. Il appartient aux couches du néocomien inférieur, mais on le rencontre aussi à la base de l'urgonien. Il en est de même en Algérie, et nous aurons à signaler de nouveau cette espèce dans l'aptien inférieur.

LOCALITÉ. — Sud d'Anouel, Teniet-Courass. — Rare. — Étage néocomien.

Collection Peron.

CYPHOSOMA HEINZI, Peron et Gauthier, 1884.
Pl. IX, fig. 11-15.

Diamètre, 15 mill. — Hauteur, 8 mill. — Diam. du péristome, 8 mill.

Espèce de petite taille, circulaire, renflée et subpulvinée, déprimée en dessus et en dessous.

Appareil apical peu développé, presque annulaire, formé de plaques génitales longues et étroites, perforées au milieu ; les plaques ocellaires s'intercalent dans les angles. Les bords internes de l'appareil se relèvent en léger bourrelet granuleux qui entourait le périprocte.

Zones porifères droites, légèrement déprimées, formées de pores disposés par simples paires, et qui ne se multiplient pas aux approches du péristome. Aires ambulacraires étroites, à peine plus élargies au pourtour qu'aux extrémités, ornées de deux rangées très irrégulières de gros granules. D'autres granules plus petits remplissent les intervalles, et quelquefois semblent se grouper en cercle indécis autour des principaux : il n'y a pas de véritables tubercules.

Aires interambulacraires larges, portant deux rangées de tubercules de moyenne grosseur, placés au milieu des plaques, mamelonnés, très faiblement crénelés, imperforés. Ils sont assez éloignés l'un de l'autre, entourés de scrobicules complets, au pourtour. Le dernier d'en haut est plus petit que les autres et assez distant du précédent. On en compte sept par série. Il n'y a pas de tubercules secondaires. Des granules, plus petits que ceux qui entourent les scrobicules, couvrent tout le reste de la surface, de sorte que la zone miliaire n'est jamais nue.

Péristome subdécagonal, assez grand, montrant dix faibles entailles relevées sur les bords.

Rapports et différences. — Ce n'est pas sans une certaine méfiance que nous avons constaté la présence d'un *Cyphosoma* dans le néocomien de l'Algérie. Ce genre ne s'y montre plus après cela, du moins d'après nos connaissances actuelles, que dans l'étage turonien. Ce *Cyphosoma* est, en outre, assez étrange ; il ne ressemble à aucune des espèces signalées en France et ailleurs au même horizon. L'extrême exiguité des tubercules dans les aires ambulacraires, si toutefois on doit les appeler tubercules, l'éloignement des tubercules interambulacraires, la granulation qui couvre tout le test, donnent à cette espèce une physionomie toute particulière. Nous avons employé tous les grossissements possibles pour nous assurer que les tubercules n'étaient point perforés ; car le test se trouve à l'état de fer hydroxydé, et les détails sont parfois oblitérés. Nous n'avons pu découvrir aucune apparence de perforation. D'ailleurs, comme *Pseudodiadema*, cette espèce ne serait pas moins exceptionnelle qu'elle ne l'est dans le genre où nous la comprenons.

Localité. — Djebel Ouach, au nord de Constantine. Étage néocomien.

Nous en avons trois exemplaires, recueillis par M. Heinz, avec *Metaporhinus Heinzi* et *Collyrites ardua*. Rare.

7

Collections Heinz, Gauthier.

EXPLICATION DES FIGURES. — Pl. IX, fig. 11, *Cyphosoma Heinzi*, vu de profil, de la collection du M. Gauthier; fig. 12, autre exemplaire, face sup., de la collection de M. Heinz; fig. 13, aire ambulacraire grossie; fig. 14, aire interambulacraire grossie; fig. 15, appareil apical grossi.

CODIOPSIS MESLEI, Gauthier, 1875.

Pl. VIII, fig. 14-18.

CODIOPSIS MESLEI, Cotteau, Peron et Gauthier, *loc. cit.*, *Echin. foss. de l'Algérie*, p. 92, fig. 122-126. 1875.
— — Coquand, *Bull. de l'Acad. d'Hippone*, p. 338, 1880.

Diamètre, 24 mill. — Hauteur, 17 mill. — Diam. du péristome, 10 mill.

Forme circulaire, renflée au pourtour, hémisphérique à la partie supérieure, plate en dessous.

Appareil apical petit, mais peu visible dans notre unique exemplaire. Zones porifères légèrement déprimées, formées de pores superposés par simples paires, se multipliant près du péris-tome.

Aires ambulacraires relativement assez larges, égalant à l'ambitus 0,40 des aires interambulacraires. A la partie inférieure, se trouvent deux rangées de cinq ou six tubercules peu développés, imperforés, faiblement mamelonnés. Le reste de l'aire est couvert de granules serrés, très inégaux, irrégulièrement placés.

Aires interambulacraires portant également deux rangées obliques de tubercules qui ne dépassent pas la face inférieure. Il y en a six par rangée. Le reste de l'aire est couvert, comme dans l'aire ambulacraire, d'une granulation serrée et très irrégulière.

Péristome peu développé, n'excédant pas 0,44 du diamètre total.

Rapports et différences. — Très voisin du *Codiopsis Lorini*, Cotteau, le *Cod. Meslei* s'en distingue par son ambitus plus arrondi, par son profil s'infléchissant plus rapidement vers le sommet, par sa granulation plus inégale et plus serrée, et enfin par sa grande taille. Aucun des exemplaires du *Cod. Lorini*, trouvés en

Europe, même la variété de grande taille, dont A. Gras a fait le *Cod. alpina,* n'excède vingt millimètres de diamètre.

Localité. — Teniet-Courass, au sud d'Anouel (Djebel-bou-Thaleb). — Très rare. — Étage néocomien.

Collection Peron.

Explication des figures. — Pl. VIII, fig. 14, *Codiopsis Meslei,* vu de profil; fig. 15, face sup.; fig. 16, face inf.; fig. 17, sommet de l'aire ambulacraire grossi; fig. 18, plaques interambulacraires grossies.

Outre les espèces que nous venons de décrire, Coquand a cité, dans son ouvrage sur la province de Constantine (1), l'*Holaster intermedius* et un *Pygaulus Tunisiensis.* Le premier paraît avoir été égaré, ou du moins n'existe plus dans la collection Coquand, et il nous a été impossible de vérifier l'exactitude de cette détermination. L'exemplaire aurait été recueilli à Aïn-Zaïrin. Nous avons comparé le second, qui est un *Pyrina* et non un *Pygaulus,* à d'autres exemplaires recueillis par M. Peron sur les confins de la Tunisie, à un horizon bien supérieur au néocomien, et nous avons cru devoir le réunir spécifiquement à ces autres individus. Il est devenu le *Pyrina Tunisiensis* décrit dans notre cinquième fascicule. Cet oursin n'avait pas été recueilli par Coquand lui-même, et n'avait été rapporté au terrain néocomien que par induction.

(1) *Mém. de la Soc. d'Emul. de la Provence,* t. II, p. 282, 1862.

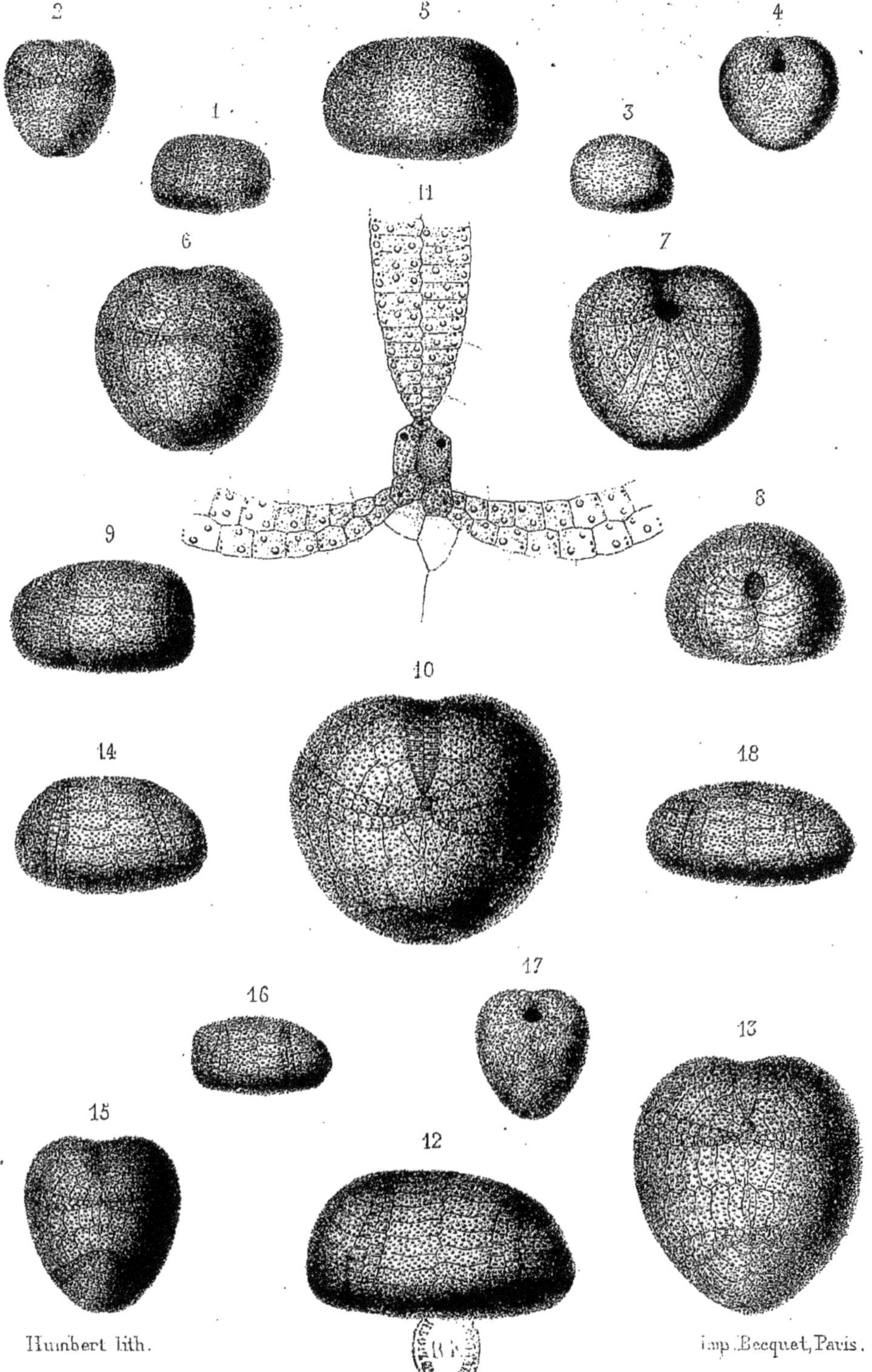

1 — 11. *Metaporhinus convexus (Cotteau), Catullo.*
12 — 18. *Collyrites carinata (Leske), Des Moulins.*

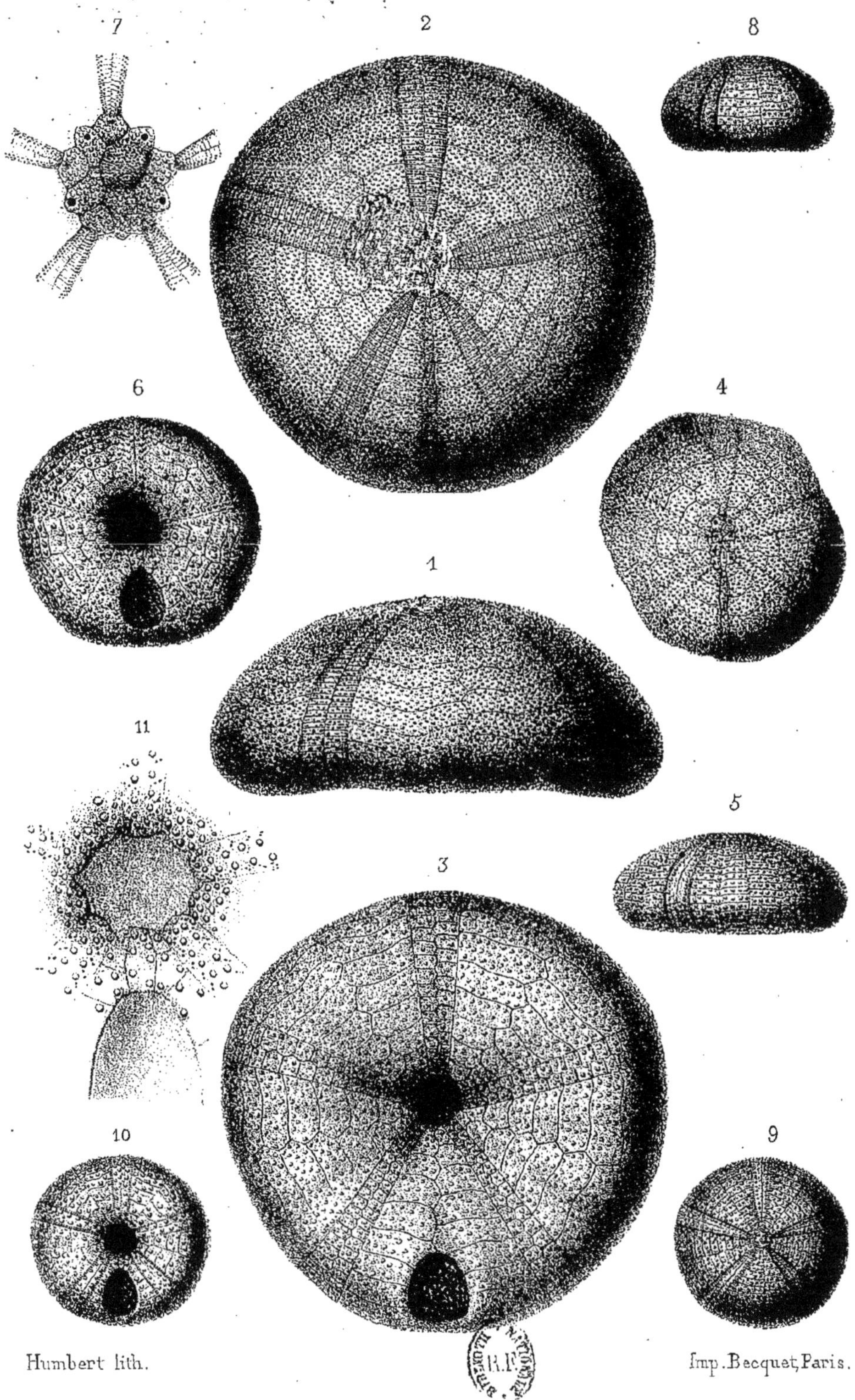

1 _ 4. *Infraclypeus thalebensis, Gauthier.*
5 _ 11. *Holectypus afer, Gauthier.*

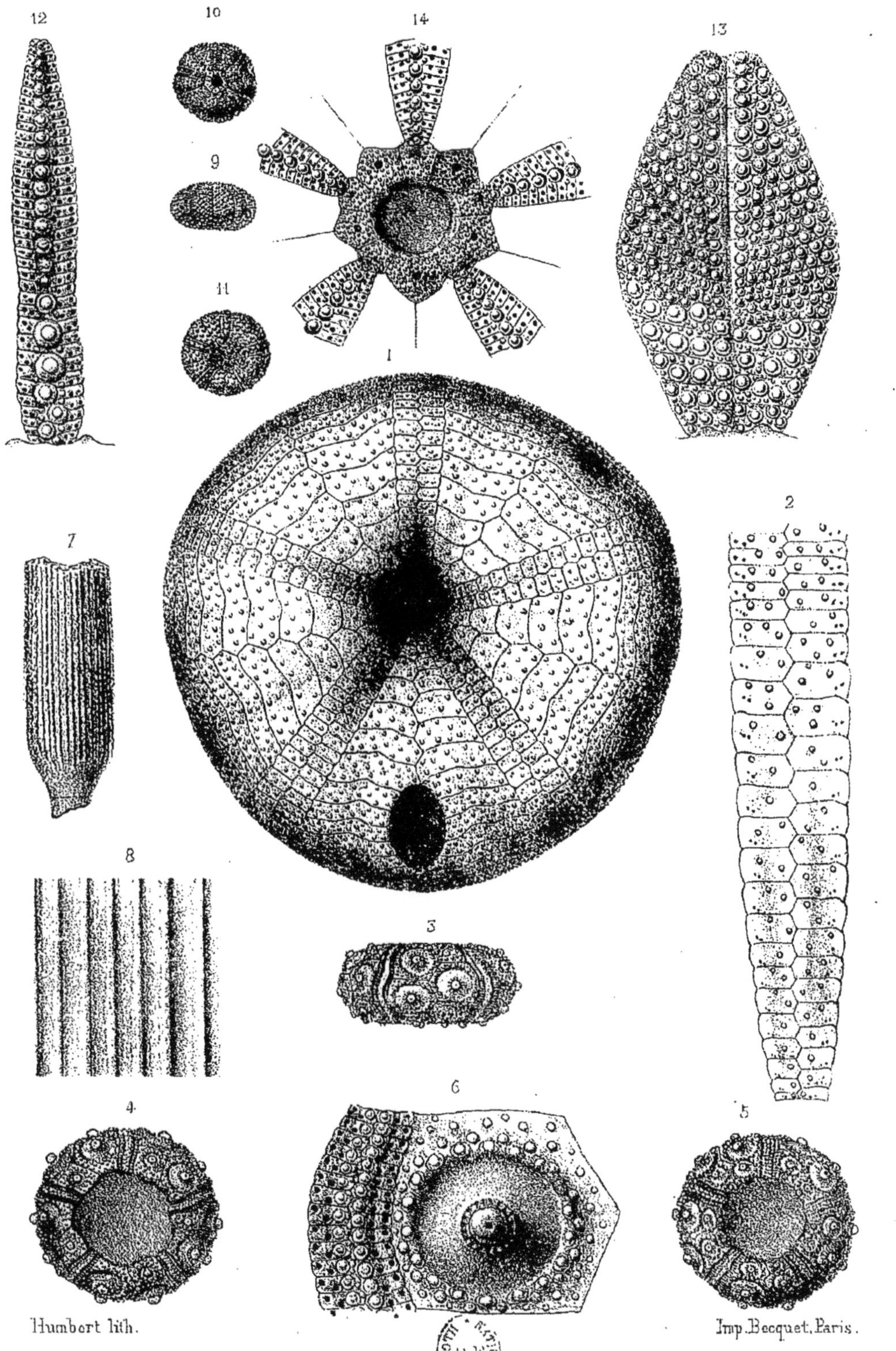

1 et 2. *Infraclypeus thalebensis*, Gauthier.   7 et 8. *Rhabdocidaris janitoris*, Gauthier.
3 — 6. *Cidaris læviuscula*, Agassiz.   9 — 14. *Magnosia Meslei*,

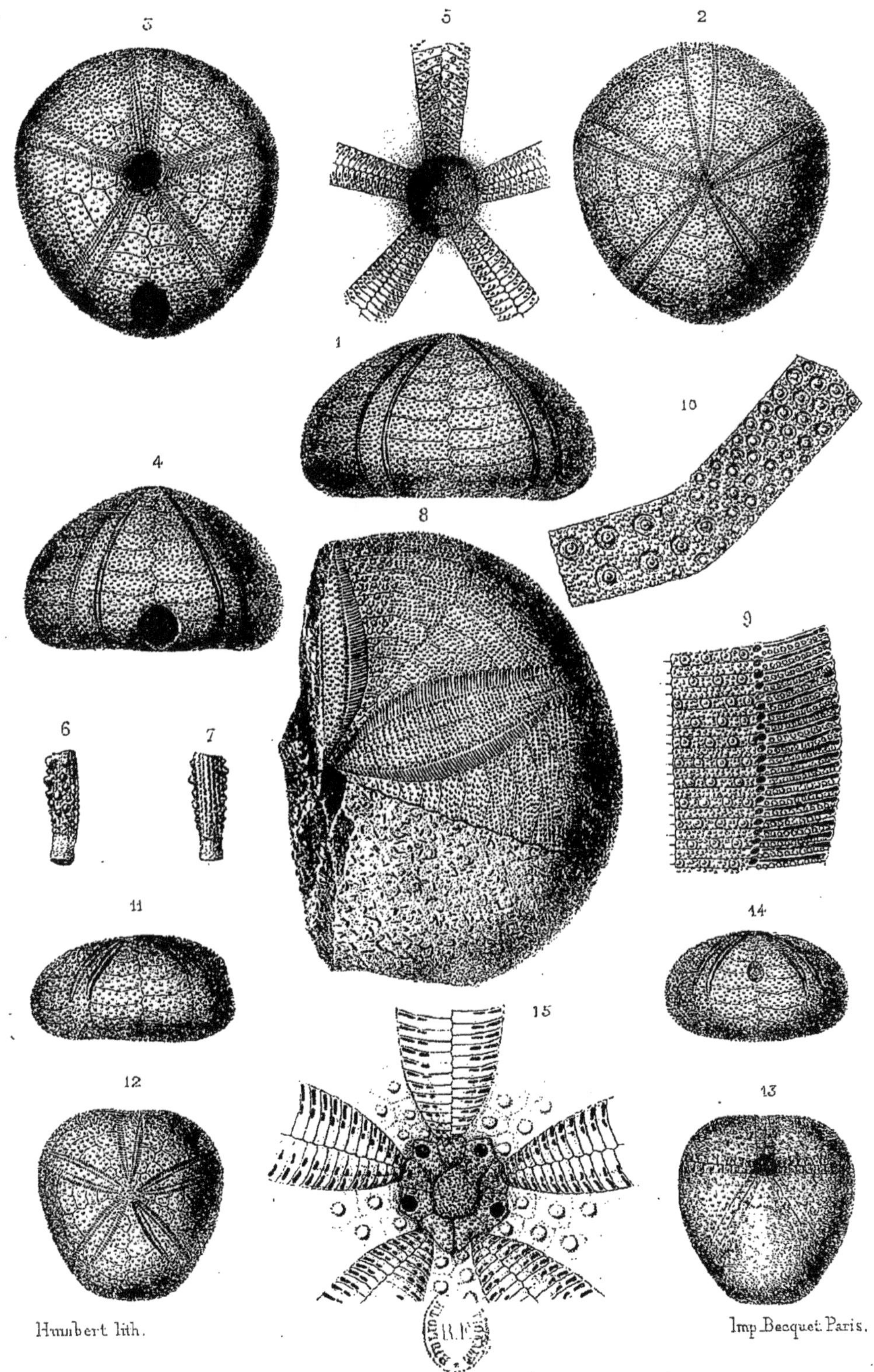

Humbert lith.

Imp. Becquet. Paris.

1 _ 5. *Echinoconus soubellensis*, Gauthier.　　8 _ 10. *Pygurus eurypneustes*, Gauthier.
6 et 7. *Cidaris muricata*, Rœmer.　　11 _ 15. *Echinospatangus subcavatus*, ____

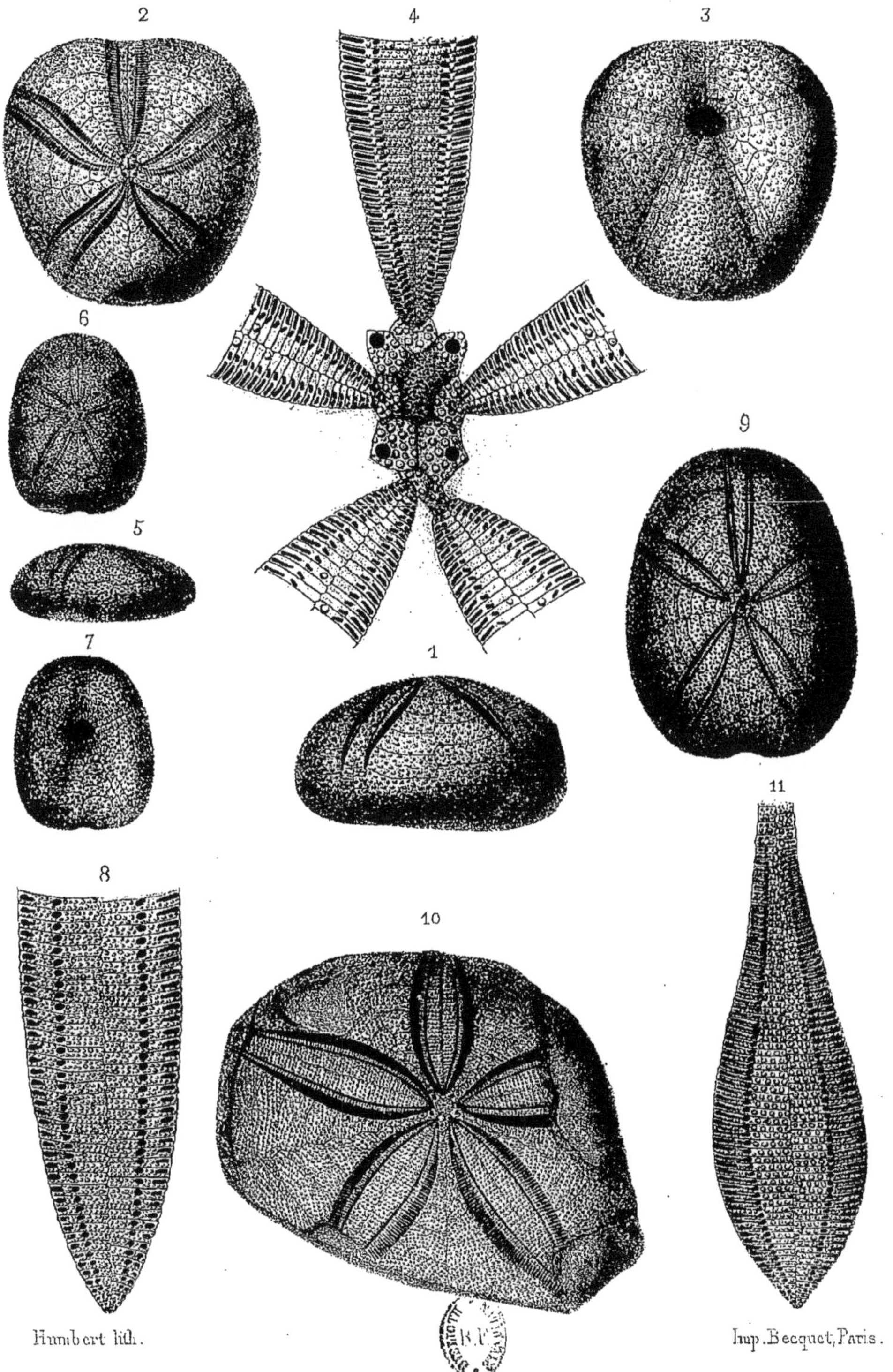

1—4. *Echinospatangus africanus*, Coquand. 5—9. *Bothriopygus Meslei*, Gauthier.
10 et 11. *Pygurus impar*, Gauthier.

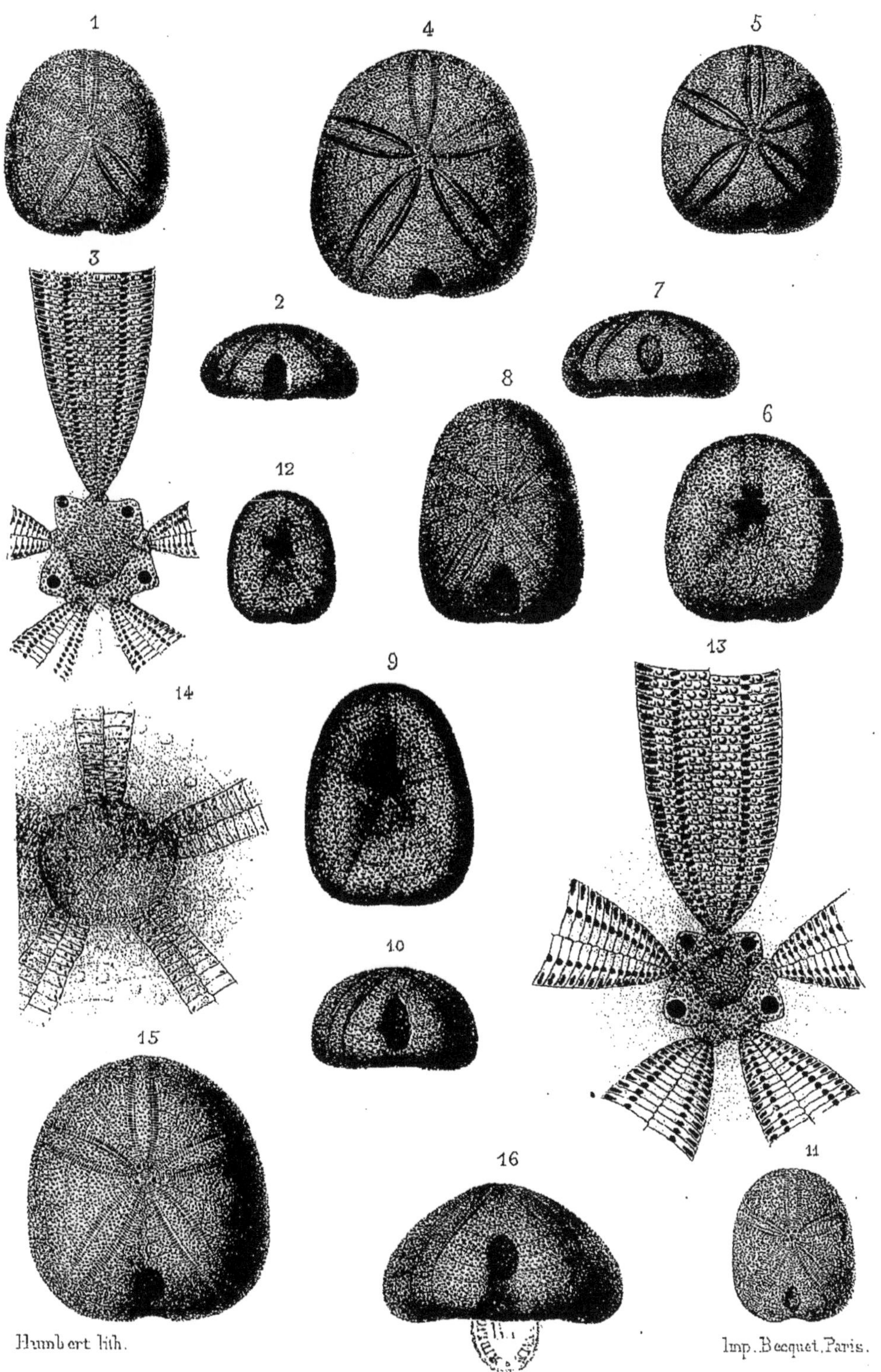

1 _ 4. *Bothriopygus Trapeti, Gauthier.* | 8 _ 14. *Echinobrissus Durandi, Gauthier.*
5 _ 7. *Echinobrissus humilis,* _______ | 15 et 16. *E. _______ sebaensis,* _______

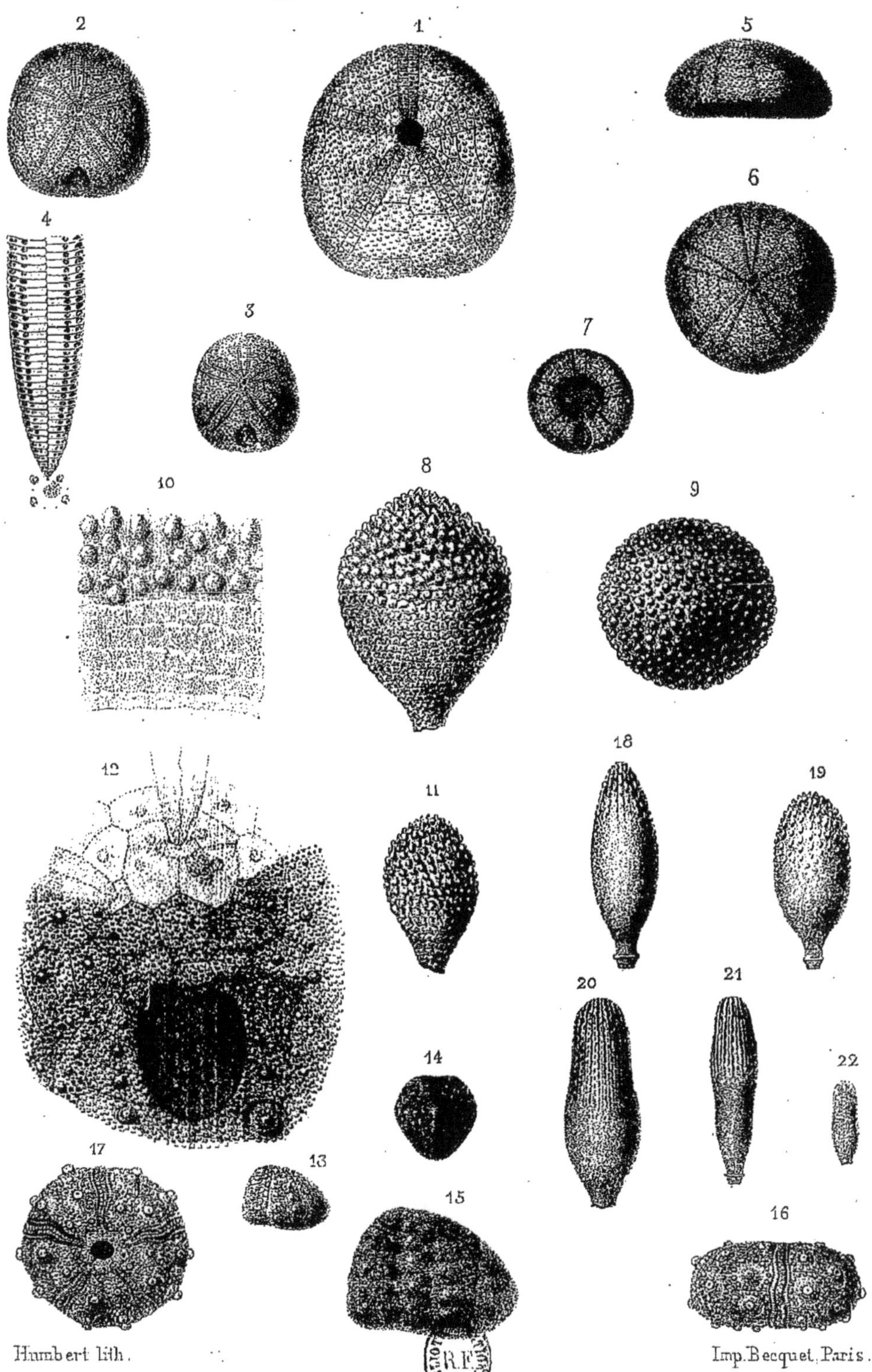

1_4. *Echinobrissus sebaensis*, Gauthier.

5_7. *Holectypus macropygus*, Desor.

8_11. *Cidaris Maresi*, Cotteau.

12. *Acrosalenia miranda*, Gauthier.

13_15. *Collyrites ardua*, Peron et Gauthier.

16_22. *Pseudocidaris clunifera* (Agassiz), de.

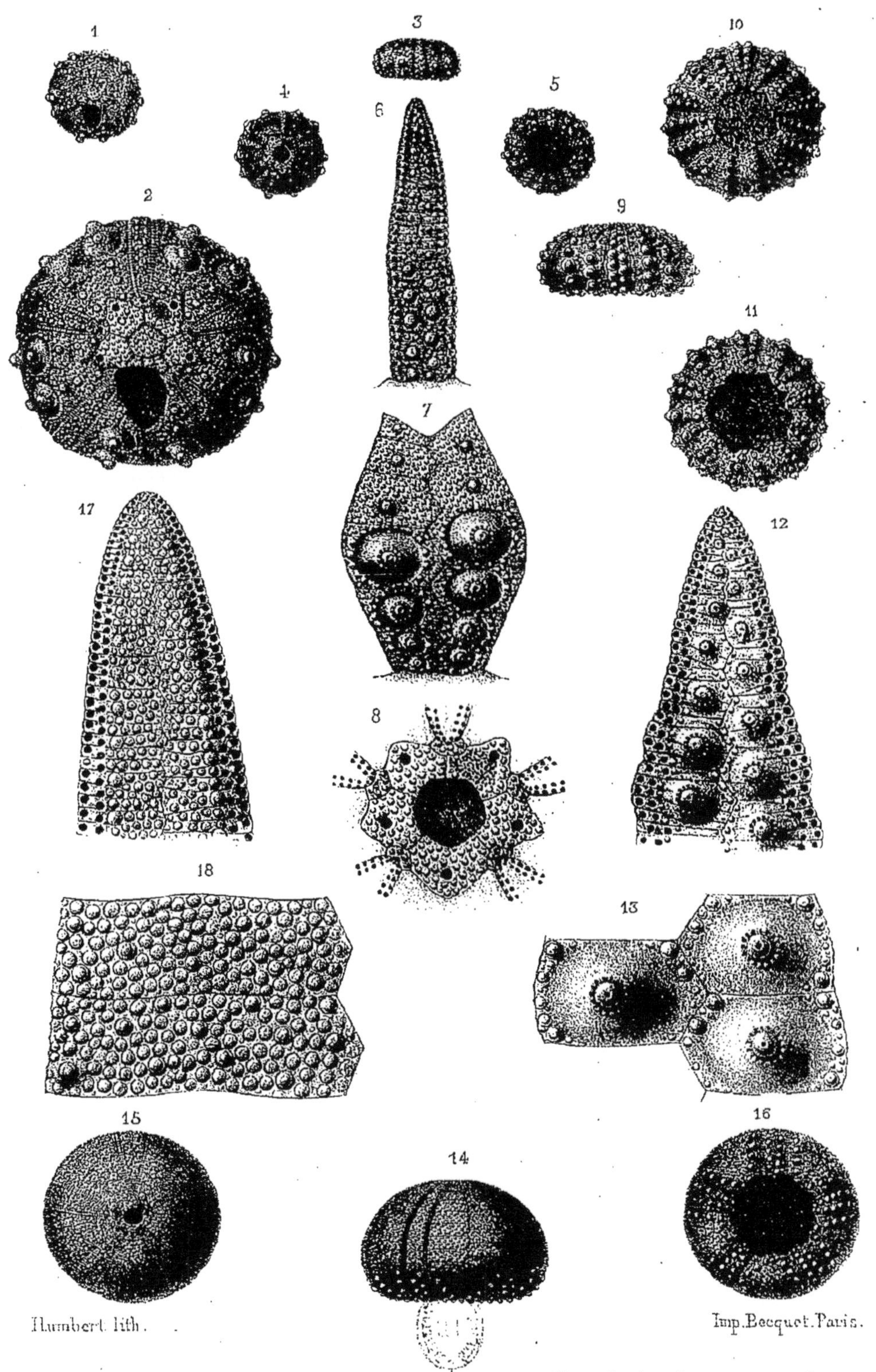

1 et 2. *Acrosalenia miranda*, Gauthier. | 9 _ 13. *Pseudodiadema anouelense*, Gau.
3 _ 8. *Hemicidaris Meslei*, _________ | 14 _ 18. *Codiopsis Meslei*, Gauthier.

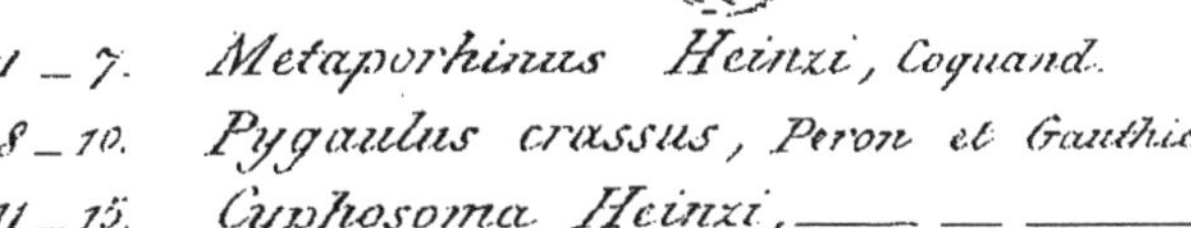

Humbert lith.

Imp. Becquet, Paris.

1 _ 7. *Metaporhinus Heinzi*, Coquand.
8 _ 10. *Pygaulus crassus*, Peron et Gauthier.
11 _ 15. *Cyphosoma Heinzi*, ______ __ ______

AUXERRE. — IMPRIMERIE DE GEORGES ROUILLÉ

www.ingramcontent.com/pod-product-compliance
Ingram Content Group UK Ltd.
Pitfield, Milton Keynes, MK11 3LW, UK
UKHW022242120726
13694UKWH00003B/938